土元
养殖实用技术

TUYUAN YANGZHI SHIYONG JISHU

周元军　张德旗　吴清玲　编著

中国科学技术出版社
·北　京·

图书在版编目（CIP）数据

土元养殖实用技术 / 周元军，张德旗，吴清玲编著 . —北京：中国科学技术出版社，2019.1（2023.11 重印）

ISBN 978-7-5046-8189-8

Ⅰ. ①土… Ⅱ. ①周… ②张… ③吴… Ⅲ. ①地鳖虫—饲养管理 Ⅳ. ① S899.9

中国版本图书馆 CIP 数据核字（2018）第 270052 号

策划编辑	王绍昱	
责任编辑	王绍昱	
装帧设计	中文天地	
责任校对	焦　宁	
责任印制	马宇晨	

出　　版	中国科学技术出版社	
发　　行	中国科学技术出版社有限公司发行部	
地　　址	北京市海淀区中关村南大街16号	
邮　　编	100081	
发行电话	010-62173865	
传　　真	010-62173081	
网　　址	http://www.cspbooks.com.cn	

开　　本	889mm×1194mm　1/32	
字　　数	86千字	
印　　张	4.625	
版　　次	2019年1月第1版	
印　　次	2023年11月第2次印刷	
印　　刷	北京长宁印刷有限公司	
书　　号	ISBN 978-7-5046-8189-8 / S・743	
定　　价	20.00元	

Preface 前言

　　土元，也称土鳖、土鳖虫，作为一种动物性药材，其药用价值较高。早在秦汉时期的《神农本草经》中就有记载，后世的《本草纲目》《金匮要略》等医药名著中都有记述。近年来，随着中医药学的不断发展，土元类药材的应用越来越广泛。另外，由于人民群众生活水平的提高，对膳食消费追求营养保健的功能，土元又作为美味佳肴登上了酒席宴桌。

　　目前，以土元全体作为药用的中成药已达八十多种，特别是治疗跌打损伤类的药物更是离不开土元。《伤寒杂病论》中有三百多个方剂中使用土元。《中国药用昆虫集成》中关于土元的方剂有 126 个。另外，土元富含蛋白质、氨基酸、脂肪酸、微量元素，经过加工后安全无毒，可制成既具有较高的营养价值又有保健美容作用的食品，倍受人们青睐。由于土元的用途不断扩大，加大了土元的市场需求量。但是，可提供的自然虫源（野生土元）十分有限，导致供需矛盾越来越突出。因此，人工养殖土元势在必行。为使广大养殖户以及想创业致富的农民朋友们能全面、系统、客观、深入地了解土元和掌握土元人工养殖新技术、新方法，笔者结合多年的科研成果和养殖经验编写了这本《土元养殖实用技术》。

在编写过程中，笔者力求突出实用性、系统性和科学性，采用图文并茂的形式，着重介绍了土元的养殖前景，土元的生物学特性，土元的养殖技术，土元的病害与敌害防治和土元的采收、运输、加工与贮藏，土元养殖场的投资决策分析与经营管理等知识。该书既收入了笔者的研究成果和养殖经验，也参考了业界同行的宝贵资料，全书插图几十余幅，与文字相辅相成。内容深入浅出，通俗易懂，适合广大农村土元养殖专业户、养殖场技术人员学习参考。

由于时间紧，编写经验不足，加上笔者水平有限，书中不足甚至谬误之处在所难免，恳请同行及广大读者提出宝贵的意见和建议，以便再版时充实完善。

周元军

Contents 目 录

第一章
概　述

一、土元的种类及分布

（一）土元的种类

　　土元，别名地鳖虫、地乌龟、簸箕虫、土鳖、土鳖虫、䗪虫等，现代中医药典称"土鳖虫"（图 1-1）。土元属于蜚蠊目，是此目中药用种类的总称，它们都是不完全变态类昆虫。此目昆虫全世界记载约有 5 000 种，我国已知的大约有 200 余种。作为药用常见种类，有属于鳖蠊科、地鳖亚科的中华真地鳖、冀地鳖、云南真地鳖、西藏真地鳖、珠穆朗玛真地鳖，以及属于姬蠊科、光蠊亚科的金边地鳖虫等。我国市场上销售的主要药用土元种类有 3 个品种，即中华土元（中华地鳖）、汉土元（冀地鳖）和金边土元（金边地鳖）。

图 1-1　土元成虫

　　经科技部、食品药品监督管理局、国家中医药管理局等对土元的性味、功效、生态环境综合考证分析，以及参阅古本草附图，认为从南北朝的梁代到清代历代本草所言的药用土元都是指中华地鳖。《中华药典》记载的唯一药用品种也是中华地鳖。虽然冀地鳖和金边地鳖也可以入药，但市场调查结果表明，中华地鳖是我国药材市场销售的主要药用品种，也是药食兼用土元的主要养殖品种。

（二）土元的分布

　　土元在我国分布较广泛，常见的药用土元主要有 3种：中华土元、汉土元和金边土元。此外还有云南土元、西藏土元等。

　　1. 中华土元　又称中华地鳖或苏地鳖，药用名称为苏土元，主要分布于河北、北京、山东、山西、河南、甘肃、内蒙古、辽宁、新疆、江苏、上海、安徽、湖北、湖南、四川、贵州、青海等地，是药材市场上销售的主要药用品种之一，也是人工养殖土元的主要品种。由于该品种药用价值高，适应性强，目前全国各地均有分布（图 1-2）。

　　2. 汉土元　又称冀地鳖、锅盖虫、汉土元，药用名称为大土元。汉土元分布范围较窄，仅限于黄河流域北侧的河北、山西、内蒙古、宁夏、山东、陕西、河南、吉林、辽宁等地。也是药材市场上销售的主要药用品种（图 1-3）。

图 1-2　中华土元成虫

图 1-3　汉土元成虫

3. 金边土元　又称东方后片蠊、东方片蠊、赤边水蠊，药用名称为金边土元，主要分布于我国东南沿海的浙江、福建、广东、广西、海南等地。在药材市场上销量较低。金边土元属于卵胎生，与中华土元及汉土元卵生完全不同，因该品种产量低，销售渠道非常窄，所以不适合人工规模化养殖，主要以采集野生资源为主（图 1-4）。

图 1-4　金边土元成虫

4. 云南土元　又称滇地鳖，主要分布于宁夏的贺兰山山区，甘肃，青海，四川，贵州，云南，西藏的日喀则、昌都、察隅等地区（图 1-5）。

5. 西藏土元　又称藏地鳖，主要分布于西藏自治区的白朗地区（图 1-6）。

图 1-5　云南土元成虫　　　图 1-6　西藏土元成虫

二、土元的经济价值

（一）药用价值

土元是一种名贵的传统中药材，几乎所有著名中药典，如汉代的我国第一部药物著作《神农本草经》、东汉著名医学家张仲景的《金匮要略》以及明代李时珍的《本草纲目》等对其都有明确的记载。其性寒，味咸辛，入心、肝、脾三经，有化瘀止痛、破积通络、败毒理伤、接骨续筋等功效。特别是对跌打损伤、风湿麻木、心腹寒热、月经不调、产后瘀阻、乳脉不通、一般动物咬伤、血瘀腹痛、中风口斜、半身不遂、脑瘀梗塞、小儿腹痛夜啼等证有显著疗效，亦可用于瘀滞疼痛、腰部扭伤等证。对肢体受损伤的畜禽等喂以土元，有促进伤口愈合的作用。

近年来，随着现代医学的发展，土元的各种药用成分得到充分研究和挖掘，目前已广泛应用于防治肝炎、结核病、坐骨神经痛、高血压、冠心病、皮肤顽症、白血病、糖尿病及各种恶性肿瘤等。目前为止，全国多家大中制药厂把土元选为生产复方制剂药的常用主要成分之一，利用土元开发了上百种中成药，如跌打丸、治伤散、七厘散、消肿膏、白药、人参鳖甲虫、追风丸、除伤消、中华地鳖胶囊、中华地鳖酒、通心络胶囊、脑塞通、跌打镇痛膏等中成药，畅销国内外。

（二）食用价值

随着生活水平的不断提高，人们把目光转向了无公害、无残留的绿色食品。近年来，随着食用昆虫热逐渐兴起，土元以其高蛋白、低胆固醇、低脂肪（主要由油酸和不饱和脂肪酸组成），丰富的氨基酸（含有 17 种氨基酸，人体必需的 8 种氨基酸齐全）、微量元素（如锌、铁、锰、硒等），以及神奇的保健效果而倍受人们的青睐。因此，土元作为一种营养丰富、味道独特的食品，现已登上了许多宾馆饭店的大雅之堂，被人们称为天然的"黑色食品"，如"油炸土元""麻辣土元""土元脆皮""火烧土王八""银鳖爬雪山"等，尤其是刚蜕皮的土元，体色白嫩且肥，油炸后既酥又脆，口感甚佳，令人食后赞不绝口。

（三）保健和美容价值

随着土元养殖业的发展和科研部门对土元研究的日渐深入，以土元为主要原料的产品被相继开发出来，特别是保健类和美容类的产品已经开发出了十多种，如

"中华地鳖胶囊""金鳖酒""土元美容液"等，投放市场后倍受广大消费者的认可。

（四）其他应用价值

由于土元含有丰富的蛋白质、脂肪和糖类，除了药用和食用外，人们常将其制作成特种养殖动物（如蛤蚧、蝎子）、珍稀鸟兽的活体饲料和宠物、名贵鱼的饲料。

三、人工养殖土元的现状和发展前景

（一）人工养殖土元的现状

我国人工养殖土元虽有三十多年的历史，在土元养殖研究领域也涌现出了一些新技术、新成果（如蜕皮素或保幼激素等），取得了一些成绩和效益，但从总体水平上看，基础研究还比较薄弱，尚未育成遗传稳定的品种，土元的疾病也没有形成系统的诊断和有效的治疗方法等理论，可以说目前我国人工养殖土元仍然处在初级养殖和育种探索阶段。

对于想要养殖土元的新养殖户来说，在投资前一定要先学习土元的养殖技术，分析目前的市场现状，最好进行实地考察，熟悉土元养殖全过程，取得一定经验后，再选择信誉好的正规育种单位，引进优良的土元种进行养殖，保证获得较高的产量和质量，以提高养殖成功率。

另外，土元的销路是个关键的问题。虽然商品药用成虫和活体成虫市价看涨，销路顺畅，但是作为特种经济动物，土元的市场具有高度的集中性和专业性。单个养殖户由于饲养规模小、信息闭塞、条件所限，以及运输、包装等原因，使得销售成为一大问题，往往造成生产的土元销不出去，损失严重。

（二）人工养殖土元的发展前景

我国从 20 世纪 80 年代中期开始，涌现出许多土元养殖专业户。90 年代以后，随着国内土元用药量的增加及外贸出口创汇的刺激，对土元药用、食用及其他用途的深层开发不断加强，土元的经济价值也日益提高，小规模的少量饲养已远远满足不了市场需求，同时由于野生资源几近枯竭，导致土元货源紧缺，市场供不应求，价格逐年上升。据有关资料统计表明，国内外每年对土元的需求量约为 3 000 吨，但目前市场只能提供 1 000 吨左右，仅为需求量的 1/3，预计在 10 年内难以达到饱和状态，若要到达供求平衡至少需要 15 年时间，这就为人工养殖土元提供了广阔的市场和发展空间。养殖土元既解决了农村富余劳动力分流问题，又为农民开创了一条轻轻松松赚钱、稳稳当当致富的增收途径，所以说人工养殖土元的发展前景十分广阔。

四、人工养殖土元项目分析

土元是一种耐寒耐热、喜欢群居的昆虫，易饲养，适应性强，生长速度快，病虫害少，经济效益高。人工养殖可因地制宜、因陋就简，充分利用空闲房屋，小规模养殖可用缸、盆、木箱等设施，大规模养殖可用水泥池多层立体饲养（图1-7）。

图1-7　立体养殖土元

土元饲料来源广泛，米糠、麸皮、豆饼、剩饭以及各种菜叶、茎、瓜果皮、肉食残渣等都是土元的好饲料。因土元具有昼伏夜出的习性，养殖时只需晚上（5～7时）投食喂水即可，不占用白天工作时间。土元寿命一般可达3年，可连续产仔3年，一次投资长期受益。正常一个劳动力可管理100～200米²的饲养面积，年收入可达到10万元以上。作为长期发展项目，养殖户可从自产的土元中优选种虫进行繁殖，效益会逐年倍增，养殖规模发展后劲十足。

人工养殖土元的成本费用大概可以分成四部分：土元卵块购买费用、建造饲养池费用、饲料费用和水电费。饲养池每平方米25元左右，目前卵块的价格在10元/千克，每100米²需要卵块10千克，养殖8～10个月，每平方米大约需要50元饲料，按照目前土元市场批发价格每千克23～28元计算，每100米²能产700千克干货，收入也有7 900～11 400元，按最低价减去前期投入的费用，每百平方米一年的利润接近上万元。土元近些年的价格走势参见图 1-8。

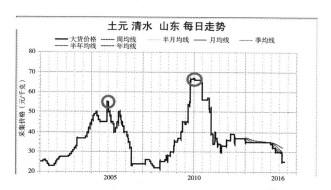

图 1-8 山东产清水货土元的价格走势图

综上所述，发展土元养殖大有可为。

第二章
土元的生物学特性

人工养殖土元，必须掌握其生物学特点，熟悉其生活习性，才能为土元的繁殖、生长发育创造一个适宜的环境条件，以达到预期的饲养目的，获取良好的效益。

一、土元的形态特征与内部构造

土元雌雄异体，一般雌多雄少，雄性土元仅占总数的 30% 左右。当前我国的药用土元，因其产地和品种的不同，其形态特征存在很大差异。

（一）土元的形态特征

土元的外形呈椭圆形（图 2-1），身体的表面包着一层坚硬的壳状物包裹，称为外骨骼。外骨骼可以保护和支撑土元体内柔软的组织和器官不受损伤，同时还可以防止体内水分散发，使土元能更好地适应陆地生活。外骨骼形成后不能生长，所以土元生长发育过程中有蜕皮现象，以逐渐增大。

土元背部的颜色因品种不同而不同：中华土元雌性虫背面紫褐色至黑褐色，稍带灰蓝色光泽；雄性虫颜色比雌性虫浅，呈浅褐色。汉土元棕褐色至黑褐色，背上密布小粒状突起，体形较大。云南土元雌性呈红褐色，头部颜色略浅；雄性身体棕褐色，被有褐色的纤毛，头部呈黑色。西藏土元体色腹部背面橙黄色，腹面黄褐色，各体节间色稍深。金边土元雌性体色紫褐色至棕黑色，体表略有微小刻点，有光泽；雄性土元体色稍浅，光泽较强，其身体的前缘及侧缘有自前到后逐渐变窄的橙黄色金边，故而得名（图2-2）。

图2-1　土元的外形

图2-2　金边土元

土元的身体结构可分为头、胸、腹三部分（图2-3）。

1. 头部　是土元感觉和取食的中心。土元的头很小，位于前胸的下面，觅食时伸出，是感觉和取食的中心部位。头顶部有一对丝状触角，长而分节，基部位于复眼的前端。它是触觉和嗅觉的器官，具有嗅、味、触、听的功能。

土元有单眼和复眼各1对，1对复眼在头顶两侧，2

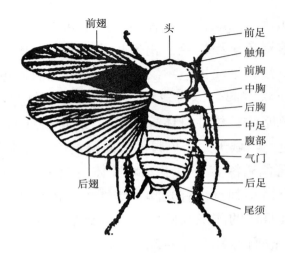

前翅　　　头　　　前足
触角
前胸
中胸
后胸
中足
腹部
气门
后翅　　　　　　　后足
尾须

图2-3　土元的身体结构示意图

个单眼在复眼之间。复眼是由很多单眼组合而成的，不仅能感光，而且能辨认物体的形状和大小，有视途和视物作用。单眼结构简单，主要是起感觉作用，可以对光线定位，感觉光线的强弱。

在头部的前方长着咀嚼式口器，可以取食固体食物。口器主要由头部3对附肢和部分头部组成，包括上唇、上颚、下颚、舌和下唇（图2-4），其中上颚坚硬而有齿，能咀嚼和撕咬碎食物，食物经口器咀嚼后进入食道、胃肠，而进行消化。

2. 胸部　是土元的运动中心，由前胸、中胸、后胸体节组成。背面由3块鳞状板组成，前胸背板前狭后宽，接近于三角形，较大，能遮住头部。中胸和后胸较狭窄，两侧及外后角向下方延伸，各节腹面均有1对足，一共

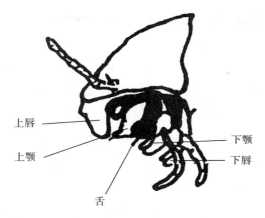

上唇

上颚

下颚

下唇

舌

图2-4　土元的口器结构示意图

3对足，为步行足。从基部到末端分别为基节、转节、腿节、胫节、附节，附节又由5节组成，末端有爪2个，其上生有若干细毛，整条足瘦长，适于疾走和攀爬。

3. 腹部　是土元消化吸收和繁殖的中心部，土元的内脏器官都在腹部。土元腹部的背板和腹板发达，侧板退化成膜状。背板质地较硬，腹板质地较软，腹部9个体节分布明显，体节之间由节间膜质相连，它和两侧的膜质部一样有较大的伸缩性，能协助背板和腹板的活动。第8～9腹节背板亦缩短，藏于第7腹节的背板凹口内，第9节生有尾须1对。腹部的末端有肛孔及外生殖器。

（二）土元的内部构造

土元内部结构由消化系统、呼吸系统、循环系统、生殖系统、排泄系统、感官系统组成。

1. 消化系统　土元的消化系统由口、咽、食道、嗉囊、前胃、胃、胃盲囊、中肠、后肠（包括回肠、直肠）和肛门组成。摄取的食物经口器咀嚼吞咽后通过食道送入嗉囊，嗉囊是暂时贮存食物的食道膨大部，在贮存过程中食物被嗉囊液软化后黏合成食团，然后经前胃研细再运送到中肠。中肠是消化和吸收的主要部分，呈囊状。中肠的前端有一向外突出的多条胃盲囊，有助于增加消化和吸收的面积。中肠壁的细胞能分泌消化酶，对食物进行彻底的消化和吸收；食物的残渣及水分进入后肠，在肠道中多余的水分被吸收后，在直肠中形成长条状粪便，并通过肛门排出体外（图2-5）。

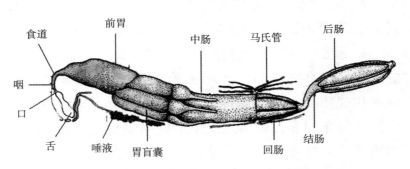

图 2-5　土元消化系统的构造示意图

2. 呼吸系统　土元主要以气管进行呼吸。这些气管一级级分支变细，直至成微气管，将空气直接输送到组织中，进行气体交换。气管在体壁上的开口叫气门，通常位于中胸、后胸和腹部各节的两侧，它与体节上的气管相连，体节上的气管通过气门与外界相通，气门上有可控制气体进出的自由开关——活瓣，以保证气体进出畅通。一般生活在潮湿条件下的气门较大，而且是开放式的。

3. 循环系统 土元的循环系统与其他昆虫一样是开放式循环，包括心脏、血管、血窦及血液。心脏位于腹部体节的背面，血液自大动脉流出后，进入血窦中循环运行。血窦又称血腔，是充满血液的开放式腔体，它分别包绕着各个内脏。血液包括血浆和血细胞，但血细胞中不含血红蛋白。因此，血液中只能携带很少的氧气，其主要功能是运送养分、分泌物和代谢产物。

4. 生殖系统 土元雌雄异体且异形。雌性土元的生殖器由卵巢、输卵管、生殖腔、生殖孔以及附属结构如卵巢、受精囊、副性腺等组成。卵巢包含有若干卵管，位于消化管的背侧，卵巢的两侧各有一条输卵管，两侧输卵管后行到身体后端连合成一条总输卵管，直通生殖孔开口于体外，在输卵管前端常膨大成卵巢萼，供产卵时暂时储存卵粒，生殖孔的前端背侧是其突出形成的长管状受精囊，是交配时接受精子的地方。此外，生殖腔背面有副性腺，产卵时能分泌胶质将产出的卵粒黏合在一起，形成特殊的卵荚，并黏附在其他物体之上。

雄性生殖器在消化管的背方，左右各有一个精巢，它由若干条小管组成，能够产生精子。与此相接的是输精管，其末端膨大成贮精囊，是暂时贮存精子的地方。两条输精管与一条射出管相连，而射出管与生殖孔相通。

5. 排泄系统 土元的排泄主要靠马氏管，其是消化管的向外突起，能从血腔中收集各种代谢物送入中肠后端，和粪便一起排出体外。马氏管和许多气管分支弯曲折叠在肠道周围。土元排泄的废物主要是不溶于水的尿酸，是含水量极少的干燥块粒状物的粪便，在排泄时不会大量消耗体内的水分，因此，土元比较耐旱，能适应干燥和很多种恶劣的环境。

6. 感官系统 土元的感觉系统主要在头部，包括触觉、嗅觉和感觉器官。土元的头很小，平时隐于胸前，觅食时才伸出。头部有 1 对较长的丝状触角，也是 1 对可以活动的附肢，是触觉和嗅觉的器官，具有嗅、味、触、听等功能，也是土元最敏感的感官。土元的眼分为单眼和复眼，复眼有 1 对，2 个单眼在复眼之间。复眼由许多单眼组成，有感光和辨认物体功能。单眼主要是感觉器官，可辨别光线的强弱（图 2-6）。

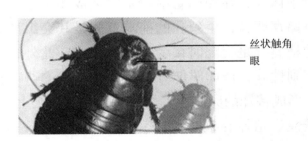

丝状触角
眼

图 2-6　土元的感觉系统

（三）雌雄土元的外形区别

土元在幼虫（若虫）时期雌性和雄性形状都是椭圆

形，不好区分；待达到成年以后，雌性和雄性土元外形差别很大，便于区分（图2-7）。

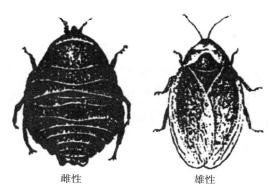

雌性　　　　　　　　　　雄性

图2-7　雌雄土元示意图

1. 雌性土元　雌性土元身体扁平，呈椭圆形，一般体长3～3.5厘米，体宽2.5～3厘米，背部稍隆起似龟鳖，黑色而具灰蓝色光泽，头小隐于前胸，有触角1对，复眼1对较发达，咀嚼式口器，背上有横节覆瓦状排列，胸部无翅有足3对，较发达，腹部和足呈棕色，底板平，腹部的花纹比雄性的密集。

2. 雄性土元　雄性土元外形似蟑螂，头和体形都比雌性土元小，头上生有2根比雌性土元长约1倍的触须，体长3～4厘米，宽1.5～2厘米，身体颜色比雌成虫浅，呈淡褐色，身上无灰蓝色光泽，但体表比雌成虫鲜艳，披有纤毛。腹部呈灰白色，有3对胸足细于雌成虫，但胫节上的刺较长，有2对发达的翅膀，将中胸以下的各部位覆盖于翅下，前翅革质，脉纹清晰可见，后翅为半透明的膜质，翅脉黄褐色，平时折叠于前翅下，善走能飞，但只能用翅膀做短距离飞行（5～6米），有1对粗且长的尾须，泄殖孔距腹甲后缘较远。

如图2-7所示，成年土元一般身体较圆形的是雌性，较长形的是雄性。腹底板平的是雌性，凹的是雄性。尾巴短的是雌性，尾巴长的是雄性。雄性土元腹部的花纹稀疏，而雌性土元腹部的花纹密集。

若虫时期雌性与雄性土元的区别见图2-8、图2-9。

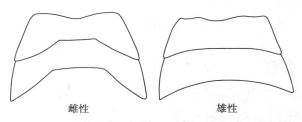

雌性　　　　　　　　　　　雄性

图 2-8　若虫期雌雄土元中、后胸背板区别

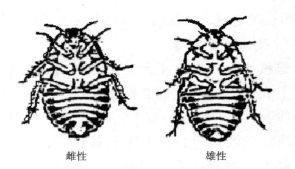

雌性　　　　　　　　　　　雄性

图 2-9　雌雄若虫腹面区别

（四）常见土元种类的外形区别

为了便于养殖户进行选购种苗或收购时区分种类，表2-1将常见的中华土元、汉土元、金边土元、云南土元和西藏土元进行了比较。

表2-1　几种常见土元的区别

名　称	体　色	体　形	复眼间距	足	雌性土元生殖板
中华土元	体背黑褐色，腹面棕红色，后体有蓝色光泽	雌雄异体，呈椭圆形。雄有翅，稍修长；雌无翅，体稍宽	中等	胫节有刺多枚	后缘直，中间有一小切缝，表面较光滑
汉土元	体背棕黑色，腹面赤褐色	雌雄异体，呈椭圆形。雄有翅，稍修长；雌无翅，体稍宽	中等	有明显的刺多枚	后缘呈弧形，中间切口明显宽而深
金边土元	身体紫褐色至黑褐色，四周有明显的橙黄色	雌雄异体，均呈椭圆形。均为无翅型，雄体修长，雌体稍宽	距离较远	胫节有密集的刺	后缘内陷，中间无明显的切口
云南土元	身体棕褐色，全身被有密集纤毛	雌雄异体，呈椭圆形。雄有翅，雌无翅，体长2.8～3厘米	距离较远	前足胫节有刺9枚	后缘弧形，末端中央切缝不明显，上有密集短毛
西藏土元	体背黄褐色，腹面黄褐至棕褐色	雌雄异体，呈椭圆形。雄有翅，稍修长；雌无翅，体稍宽	距离较远	胫节有细短刺	后缘弧形，末端中央切缝明显，上有稀疏细毛

二、土元的生活习性

（一）土元的生活史

土元是不完全变态昆虫，它完成一个世代要经历三种形态，即成虫（雄性有翅）→卵荚→幼虫（若虫）→成虫，比完全变态昆虫少一个蛹期，野生的土元历时需一年半至两年半。由卵孵化出的若虫与成虫的形态和生活习性基本相似，只是若虫的翅发育不完全，身体还未长大，生殖系统也未发育成熟，每经一次蜕皮，翅和生殖器官就发育生长一些，身体长大一些。

1. 土元的生殖方式 土元为两性生殖，卵生。即必须经过雌雄两性成虫交配、受精后产生受精卵才能孵化出若虫；不经过雌、雄成虫交配雌性土元也能产生卵荚，但这种卵荚不能发育产生新个体（若虫）（图 2-10）。在蜚蠊目昆虫中，中华土元和汉土元均为两性生殖和卵生，而姬蠊科、光蠊亚科的金边土元为两性生殖、卵胎生。即卵荚在将要排出的时候，又缩回到雌成虫腹内，在雌成虫的体内孵化成若虫后，将卵荚排出一部分，这时若虫爬出卵荚，离开母体，然后雌成虫才把空卵荚排出体外。

2. 卵荚 土元产卵时，生殖道周围副性腺分泌黏稠状的液体把卵子黏合在一起，在"拖炮"（产仔前 1 天，雌性土元体内卵鞘常从阴门伸出一半，俗称"拖炮"）过

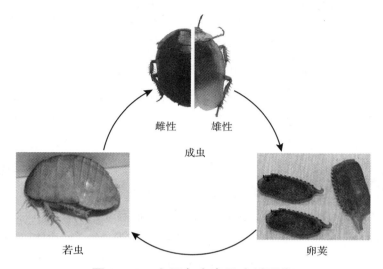

雌性　　雄性

成虫

若虫　　　　　　　　　　　　　　卵荚

图 2-10　土元各虫态及生活周期

程中逐渐凝固形成卵荚。卵荚一般长 2～15 毫米，呈豆荚状，边缘有锯状的突起。每个卵荚内紧密排列 2 排卵子，1 个卵荚内少的有 5～6 个卵粒，多的有 30 多个卵粒，平均 15 粒。雌成虫产卵粒多少与生殖年龄、营养状况有关。

3. 孵化　孵化是把卵荚放在温度、湿度适宜环境中，使卵子进行胚胎发育，最后胎虫破卵而出形成若虫的过程。这个过程是土元生活周期中形态发生根本变化的过程。

土元卵荚孵化要求一定的积温，在孵化适宜的温度范围内，温度高，孵化时间短；温度低，孵化时间长。如在 25℃的条件下，卵的孵化期一般 50～60 天；在 30℃的温度下，孵化期 35～50 天。

4. 若虫的生长与蜕皮 土元在生长发育过程中，靠不断蜕去体表的角质层来完成生长发育的，这一过程称蜕皮。每蜕皮一次，虫龄增长一龄，体形、体重增长一次，生殖腺前进一个阶段。在土元饲养过程中，用蜕皮次数来划分虫龄，应做好分级饲养管理。刚孵化的幼虫为1龄若虫，以后每蜕皮1次，增加1个虫龄。在自然条件下，雄性若虫经过7～9次蜕皮，经历180～210天发育为成虫；雌性若虫经过9～11次蜕皮，经历210～240天发育成成虫。在人工加温下（饲养室保持25℃以上温度），若虫期可以缩短为几个月。若虫老熟羽化为成虫，雄成虫长出翅，形态起了很大变化；雌成虫没有翅，其形态与老龄若虫相比没有变化。

5. 成虫的交配与产卵 雌性土元最后一次蜕皮完成后，就羽化为成虫，开始具有生殖能力。成熟后的雌性土元1个世代与雄性土元交配1次（图2-11），交配后7天左右开始产卵，以后每隔4～6天产卵1次，每次产

图2-11　雌雄土元交配

1 粒卵荚，1 个世代能产 15～20 枚卵荚，连续产 5 个多
月即死亡。每粒卵荚内含有 8～26 个若虫，不同种类及
生活环境的土元，其卵荚内的若虫数量也不同。一只雌
性土元一年可繁殖若虫 200～600 只。未经交配的土元
虽亦能产卵，但不能孵化。

（二）土元的习性

1. 栖息环境　土元成虫和若虫均喜欢生活在腐殖质
丰富、土壤疏松，且阴暗、潮湿、温度适宜的环境中。
野生状态下的土元多生活在农村旧房屋墙根下、农家小
院周围的砖石缝隙中；在室内多生活在土地面厨房里灶
前含草末较多的土堆里，村舍附近的鸡舍、牛栏、马圈、
猪舍内的食槽下，场院的柴草堆下，食品加工作坊、碾
米厂、榨油坊等有虚土堆积的地方；在野外多生活在林
地、湖泊、河流沿岸的枯枝落叶下的腐土层中、石块下
的松土内。

2. 活动规律　土元是昼伏夜出喜静怕动的昆虫，对
黑光有正趋性，对白光有负趋性，白天潜入松散潮湿的
土中休息，晚上出来活动、觅食和寻找配偶等；如果是
隐蔽或黑暗的环境，白天也照样出土活动。据试验观察，
土元一日内的活动规律为，19～24 时出土活动最频繁，
24 时后的下半夜虽然也有少数个体活动，但为数甚少；
每天 8～18 时，因光线强、人活动的干扰，则很少出外
活动，甚至不活动。

3. 杂食性　土元为杂食性昆虫，主要食物有蔬菜、

嫩青草、嫩树叶、农作物茎叶、水生植物及瓜果、米糠、粉渣、麸皮和杂粮等，最喜欢取食鲜嫩的蔬菜叶、南瓜瓤等（图2-12）。人工饲养条件下，也可取食家庭和餐饮的下脚料，如鸡、羊、鱼肉类动物性残渣等。此外，畜禽的粪便也是土元的食物。土元的耐饥能力很强，在潮湿、肥沃的土壤中，一个月甚至更长的时间不喂食也不会饿死。平时也不是天天吃食，有时几天才出来觅食一次。

图 2-12　土元在取食

4. 非社群性　土元无家族之分，一般不会因不是一起生长的而发生自相残杀现象，在密度合理的情况下，各龄期的土元均能和睦生长。但是在环境条件比较恶劣时，如养殖土壤湿度过低、养殖密度过大、饲料严重缺乏、各阶段土元混合养殖时，就会发生大吃小、强吃弱、弱吃幼、幼吃卵的不良现象。因此，人工养殖时，一定要注意把不同时期的土元分开饲养，保持适宜的温度和充足的饲料，避免发生自相残杀，以减少不必要的经济损失。

5. 运动性 土元主要是靠胸部进行运动，各节腹面有 1 对具有若干毛刺的足，主要起攀爬行走的作用；胸部有 3 对较发达且有力的足，善于奔跑。除金边土元外，大多数雄性土元成虫都有 2 对翅膀，虽然能飞，但飞不多远，活动主要以爬行为主；雌性土元成虫一般无翅膀，只能爬行活动。

6. 假死性 土元有假死习性，一旦有响动或强光照射、遇到敌害时，便立即潜逃；来不及逃或被捕捉时，就会立即假装死亡，这种现象称为"假死"。伪装假死一会儿后，若发现没有受到侵害，马上爬起来迅速逃遁，有时假死的时间相当长。

7. 繁殖习性 土元为两性生殖，卵生。1 只雄土元一生能与 3～5 只雌土元交配，交配后雄土元翅膀断裂，1 个月后陆续死亡；雌土元交配后 1～2 周开始产卵。交配旺期是夏秋季，25～32℃时交配率最高。在自然温度下 5～10 月为产卵期，6～9 月为产卵旺期。1 个健康的雌成虫一生能产 70～100 个卵莢。

8. 冬眠性 土元属于具有冬眠性的昆虫。春季气温在 10℃以上时，开始出穴活动寻食，秋季气温降至 10℃以下时钻入土中进行冬眠。一般在初冬时，即 11 月立冬前后，温度降低到 10℃左右时，土元就会潜入土中，进入冬眠期。到第二年的 4 月份，即清明前后，气温上升到 10℃以上时，又开始逐步恢复活动和外出觅食。

三、外界环境因素对土元的影响

（一）温　度

土元是变温动物，体内的新陈代谢速率是受外界环境温度所支配的，其体温几乎与外界温度相同，所以土元的生长发育受环境温度的影响极大。

适合土元活动的温度为 17～38℃，生长最适宜的温度为 23～32℃。在这样的温度下，土元可四季生长产卵，且随着温度升高，土元的新陈代谢越旺盛，生长发育也加快，并且可以缩短生活周期。但超过这一温度范围，土元则生长发育变得迟缓，繁殖停滞，甚至死亡。当环境温度上升到35℃时，土元就感到不安，便四处爬动，摄食减少，因而生长速度减慢，产卵成虫的产卵量减少；当温度上升到38℃后，土元体内水分蒸发量加大，容易造成脱水干萎而死亡。反之，温度越低，虫体的新陈代谢变慢，生长发育缓慢，生活周期延长，当环境温度下降到10℃以下时，土元就潜伏在土壤中停止活动，开始进入休眠期；当温度低于0℃时，虫体往往处于僵硬状态，有少数个体会发生死亡；当温度低于零下5℃时，会引起成虫和若虫的大量死亡。

不同发育阶段的土元要求的温度也不相同。一般来说，若虫的最适温度略高于成虫，老龄成虫的最适温度又略高于中龄若虫，这是与它们的生理特征相符合的。

若虫最适宜的温度为 28～32℃，中虫的为 28℃左右，大虫的为 25℃。

（二）湿　度

湿度是影响土元生命活动的重要环境因素，其对土元的影响是多方面的，既可以直接影响土元的生长发育，也可以影响性腺发育和繁殖，甚至影响到孵化、蜕皮和寿命等。

人工饲养时，饲养土的含水量最好保持在 15%～20%，在这样的湿度下，既能使土元在饲养土中正常生长发育，又能使其正常繁殖。如果低于这个湿度，土元不但不能从外界吸收水分，反而会通过排粪尿以及呼吸而排出体内水分，使体内缺水，造成生命活动受阻，甚至死亡。但是湿度过高，饲养土容易板结，土内空气量减少，而且病菌害虫容易在饲养土中滋生繁殖，这不仅不利于土元的生长，还易受害虫病菌侵袭而患病死亡。一般情况下，饲养室空气相对湿度以若虫 40%～50%，中虫 50%～60%，大虫 60%～70% 最为适宜。

（三）水

土元的生长发育离不开水分，当水分缺乏时，土元机体的新陈代谢等生理活动将不能正常进行。因此，土元必须不断地从外界获取相应的水分，以维持体液平衡，使机体活动顺利完成。土元在不同生长发育阶段所需要的水分不同。例如土元冬眠时，需要的水分很少，而生长发育阶段，机体因代谢旺盛需要消耗掉大量水分，所以对水分的需求量就大些。尤其是在人工养殖条件下，由于环境湿度变化大，要同时给土元以足够的饮水。

土元对水分的获取主要有三个途径：一是通过进食获取大量的水分，因为土元吃的昆虫等食物水分含量高达 60%～80%；二是利用表皮吸收大气及虫体所接触物体的水分，如从潮湿大气和湿润土壤中吸收水分；三是从体内物质转化获取水分，土元取食的有机物质，在体内经过氧化而产生水分。其中第一和第二种途径是土元体水分的主要来源。一般情况下，当环境湿度正常，食物供应充足时，土元不需要饮水。但是，在获取水分的同时，土元本身也在不停地消耗着水分，如体表散发的水分、粪便排出的水分、呼吸气体交换散失的水分等。所以，人工养殖土元时一定不能缺水。

（四）养 殖 土

土元喜欢生活于阴暗、潮湿、腐殖质丰富疏松而肥沃的土壤中，在人工养殖情况下，要根据土元的自然生存条件配置养殖土（图 2-13）。人工养殖条件下土元生活的土壤：一是要疏松，便于土元钻进钻出；二是要含有丰富的腐殖质；三是要无化学物质的污染；四是潮湿要适中，绝不能干燥。

图 2-13　养殖土中的土元

（五）光　线

土元喜阴怕光，对弱光有正趋性，但最怕强光直射和阳光暴晒，白天躲在阴暗、潮湿、腐殖质丰富、疏松肥沃的土壤中休息，只有夜晚才出来活动、觅食和交配。土元虽然对强烈的光线敏感，但适宜的光照强度和光照时间，不但不会影响其活动，还可以促进土元的生长发育。在人工饲养时，给土元适宜的光照，可以打破土元在自然环境中所形成的冬眠习性，使其生长活动时间增加，不间断地繁衍后代，从而提高单位饲养面积的产量。

（六）空　气

土元喜欢新鲜空气。人工饲养下，饲养室内的空气新鲜与否，直接影响着土元的生长发育和疾病的发生。在夏、春、秋季要经常打开饲养室的门窗进行通风换气，以排除室内土元呼出的大量二氧化碳，保持空气新鲜。一般每天间隔 6～8 小时，通风 10 分钟左右（通风时必须打开饲养房两头的门窗，使空气对流）。

通风换气时要注意，在比较干燥的天气开窗通风换气会降低饲养室内的湿度，对土元生长发育不利，这时可以适当增加饲养土的湿度，或者随时关注饲养土的湿度，发现饲养土表层湿度降低，应马上洒水以增加湿度；或者在饲养土上覆盖一些含水量大的菜叶如芹菜、萝卜缨等提供水分，同时减缓饲养土表层水分蒸发。冬天存在加温和通风之间的矛盾，必须掌握好适时通风，并且不能影响养殖室内温度，可选择在每天中午 12 时到下午 4 时的这段时间开窗通风，做到既能更换新鲜空气，又不至于让土元感到温差太大。

（七）天　敌

土元的天敌较多，主要有老鼠、蚂蚁、家禽、壁虎、粉螨、蜘蛛、壁虎、蝎子、蟾蜍等。尤其是老鼠危害最大，一旦进入饲养室内，不仅吃成虫，还喜欢食卵荚。其次是蚂蚁，一个细小的洞孔，它就能爬进饲养坑（池）内，刚孵出的若虫若被侵入蚂蚁发现，就会在几小时内大量被拖走，危害极大（图 2–14）。

图 2–14　土元的天敌

第三章
土元养殖技术

一、土元养殖场地与设施用具

（一）土元养殖场地

1. 养殖场选址　土元养殖场地应选择远离城市、村庄、学校，以及排放有害气体、污水的工厂、屠宰场，且没有办过工厂（尤其是化肥、化工厂）、养殖场，地势较高、排水良好、背风向阳、相对安静的地方；养殖场的土质最好是沙质壤土，不管什么形状的场地，只要精心规划、合理布局，能达到预期养殖目的即可。低洼排水不畅和长期泥泞的地方不能用来建造土元养殖场。

为了扩大养殖规模，充分利用和节约土地资源，可以采取室内养殖和室外养殖相结合的办法，进行综合养殖。

2. 养殖房选择　无论是利用旧闲房屋，还是新建房屋进行养殖土元，都必须选择地势高、排水方便、背风向阳、比较安静的地方，房屋应坐北朝南，前后要有窗户或有通风换气设备，以便通风换气；门窗应设有纱网，以防止蜘蛛、壁虎、老鼠和小鸟等土元的天敌入侵造成伤亡。为防止夏季温度过高，房前屋后可栽种一些落叶树木，既可夏季遮阴防暑，又不妨碍冬季光照。饲养房内安装电灯，既可随需要调整光照时间，还可在傍晚喂料时照明。冬季注意供暖保温，保持室内温度在25℃左右。

凡是曾经存放过化肥、农药、非食用油料及化工原料以及有毒物质的仓库或闲置房屋，都不能用来养殖土元，即使在其附近的闲房也不能使用。因为这些房屋会长期散发有毒物质的气味，影响土元的正常生活、生长发育和繁殖，甚至导致其死亡。

如果没有闲置房屋，可以建造塑料大棚式饲养房进行土元养殖。大棚式饲养房应选择地面平坦、阳光充足的地方，以建造坡式塑料日光温室为宜。一般北墙高2.5米，南墙高1.5米，棚宽4～5米。棚墙用泥土夯打或用红砖垒垛均可，棚内地面用水泥抹平，顶膜最好用双层聚氯乙烯膜（要求无毒）覆盖，便于提高棚温，延长薄膜使用寿命。用压膜线把薄膜固定好，在一面墙上安装一小门，另一面留有窗户以便通风换气（图3-1）。

图3-1　大棚养殖土元

（二）土元养殖方式

目前，土元饲养模式主要有室内养殖、室外养殖、室内和室外相结合的生态养殖等方式。由于养殖的设备设施不同，养殖方式也不同。

1. 室内养殖　主要有盆养、缸养、木箱养、池养、立体多层养殖。

（1）盆养　挑选内壁光滑、高度20厘米，直径55厘米左右的塑料盆，盆内放置消毒处理过的饲养土，便可放入土元若虫进行饲养。孵化出的若虫应按大小进行分类饲养，卵茧也可以使用此种方法孵化。可做分层的木架或铁架，将养殖土元的塑料盆分层放到架子上，一般放3～4层盆，每层高度在22～40厘米左右，这样既可增加养殖空间，又便于管理（图3-2）。

图3-2　盆养土元

该种养殖方式适合于初期试养或是小规模养殖户，投资小，操作简便，便于移动。缺点是盆内的温度和湿度不好控制，养殖效益较低。

（2）**缸养**　采用旧水缸、漏水缸，或用水泥制作的贮粮缸等，把缸下半部分埋入地下，缸内放置消毒处理过的饲养土，即可进行养殖。一般以缸口直径50～60厘米、缸深60～70厘米为宜，要求缸壁光滑，以防土元爬出逃跑，缸口上面能加盖或用铁沙网盖严，防止老鼠等敌害入侵（图3-3）。也可以用口径30厘米、深度30厘米的大钵子靠墙叠摆起来，形成立体结构进行养殖，充分利用室内的空间。

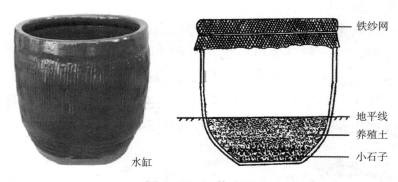

水缸

铁纱网

地平线
养殖土
小石子

图3-3　缸养土元

采取缸养时，先在缸底铺上3～5厘米厚的小石子，小石子的上面铺上5～6厘米厚的湿土，湿土的上面再铺上15～20厘米厚的养殖土。养殖土、湿土、小石子中间要插入一根直径5～6厘米、中间节已打通的竹筒，竹筒应高出养殖土表面5厘米。当夏季气温高、养殖土中水分蒸发快的时候，向竹筒加水调节养殖土的湿度；当养殖土湿度过大的时候，水分会渗到底进入石子层，但其上层仍保持适宜的湿度。

缸的外壁要涂上一圈凡士林或黄油的环带，以防止蚂蚁进入养殖缸内；或是在缸的周围撒一层石灰、灭蚁灵等药物，也可以达到防止蚂蚁、蜈蚣、蜘蛛等敌害进入侵害土元的目的。

该法的优点是操作简单，可利用废弃的瓷缸，减少投资，且缸的体积小、重量轻，搬运方便，而且土元长得好，寿命长，产品品质高。缺点是缸内通风不良，梅雨季节往往比较潮湿，易引起霉菌性病原微生物的滋生，也不适合大规模养殖。

（3）木箱养 利用大小不等的木箱或塑料箱，也可以用木板制成长 50 厘米、宽 30 厘米、高 20 厘米的长形木箱进行土元养殖。为防止土元爬出逃跑，木箱内壁上部可嵌上玻璃条，或是采用成本较低的光滑封口胶带贴于箱边。木箱底部先铺上一层约 3 厘米厚的小石子，石子层上面铺一层壤土，摊平压实后再铺上 15 厘米左右厚的养殖土。

该法成本不高，易于管理，但湿度不太好控制，较适合饲养卵和幼龄若虫，不太适宜养殖成虫。

对于卵及若虫可以使用特制的养殖盒，盒长 40～50 厘米、宽 25～30 厘米、高 20～25 厘米，内壁镶嵌一宽 10 厘米左右的防逃玻璃带或塑料薄膜。盒底铺供土元栖息的养殖土或锯末等，上面放置用硬纸或薄木板制作的卵孵化盘及投放饲料的饲料盘（图 3-4）。用木箱养殖时，土元的卵及幼龄虫最好分箱孵化及饲养，以免若虫干扰卵的孵化。为了充分利用空间，木箱可搭成几层。

养殖盒上要有木盖，木盖中央留有一个观察及防止幼龄若虫逃跑的纱窗，养殖土上放置一块木板或硬纸板，以便土元卵孵化及作为投放饲料的容器。

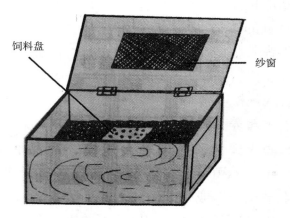

饲料盘

纱窗

图3-4　土元养殖盒

此种养殖方法易于管理和操作，但不便控制湿度，适宜养殖1～3龄的幼龄若虫。

（4）池养　根据养殖室的大小和形状设计养殖池的位置和大小，中间留有一条1米宽的走道，两边砌池或室内全砌上池子，用砖在室内水泥地上砌成正方形或长方形的高40～50厘米的池子。池底部砖层与地面间留有6～12厘米的空间，空间内填上锯末或稻壳，以利于与地面绝缘，冬季加温养殖时不会通过地面散失热量。池子内壁上缘用水泥浆贴上6～8厘米宽的玻璃条做成一条防逃带，或用厚薄膜自土层底部到池最上沿衬起，以防土元逃跑。养殖室的门窗都要装上纱门、纱窗，做好防鼠、放壁虎等敌害的工作（图3-5）。

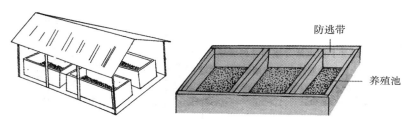

图 3-5　土元养殖池

此种方法养殖土元生长良好，管理简便、投资少，但是养殖面积较小，不适宜大规模养殖。

（5）立体多层养殖　是在室内建造立体养殖池。要求房屋地势高、地下水位低、坐北朝南、背风向阳、不漏雨、四周墙体完好，平顶、尖顶房均可，在房屋四周墙上留下门窗。根据房屋的大小设计土元池。一般在室内两侧建养殖池，中间留1米宽的走道，养殖池的规格一般长1米、宽1米、高30厘米左右。为了防止土元逃跑，池的四周用水泥抹光滑，或在池的上壁贴上一圈瓷片或玻璃片，池底不能用水泥制成（防止土元因寒凉生病），而应用微碱性且通透性较好的土壤夯实作池底。可建6～7层立体养殖池，每层的底板要求厚3～3.5厘米，可用钢筋混凝土浇制。底板浇制保养好后便可砌制立体土元池。每层3块立砖（高约40厘米），砌制一层后内壁粉刷好再铺另一层底板。在土元房走道一面留下19～20厘米的操作窗口，操作窗口上沿粘贴上向土元池内伸出

4 厘米左右的硬性塑料纸板，以防土元逃跑。土元房砌好后周边内壁粉刷，补上洞隙，防止鼠、蚁进入（图 3-6）。

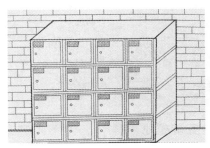

图 3-6　立体多层养殖

立体化多层养殖池养殖土元的优点是能最大限度地利用室内的空间，不仅解决了养殖面积不足的问题，而且有利于加温进行无冬眠养殖。养殖池内温度高，土元的活动量和采食量随之增加，从而促进土元的生长发育及繁殖加快，且管理方便、投资少，适合于大规模养殖场，也是目前采用最多的一种养殖方式。

2. 室外养殖　多采用半地下式养殖池，是指将养殖池一半建造在地下、一半在地上养殖土元的一种方法。半地下式室外养殖池必须选择水位低、下雨易泄水的向阳高处建池。池的地下部分 70 厘米、宽 1.5 米左右，长度可根据场地的地形和大小安排，一般 2～3 米为宜。池底铺平夯实后，四周用砖砌高，北池壁总高度 1.3 米，地下部分 70 厘米，地上部分 60 厘米；南池壁总高度 1米，地下部分 70 厘米，地上部分 30 厘米。池外侧壁用水泥浆勾缝，池内侧壁用水泥浆刮光，上沿抹平。池底部铺上一层厚约 20 厘米的腐殖质养殖土，其上再放置木板，作为喂食及供水的设备。池口用水泥制成薄预制板（2 厘米厚），预制板的中间留有一个长 1 米、宽 50 厘米的门，为人员的出入口。出入口应设一道细孔铁纱门（内侧）和一道木盖（外侧），盖的两端留出直径 16～20 厘米嵌有细空铁纱的通气孔，使空气对流，以调节池中的湿度（图 3–7）。

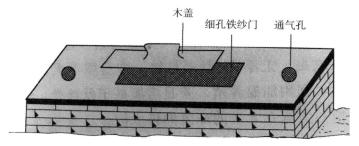

图 3–7 半地下式室外养殖池

在夏秋气温较高的季节，池口盖水泥薄板，通过纱网孔观察池内的情况和调节池内空气，并在池子四周搭架种上葡萄便于遮阳。到冬天葡萄落叶、气温较低的时候，可把水泥板拿下妥善保存，在池顶盖上塑料薄膜。因池壁北高南低而形成一个斜面，阳光能直接射入池内，提高池内温度；气温很低时，可以在池子四周培土，并在塑料薄膜上加盖草帘子保温，保持池内温度在 0℃ 以上，养殖土的温度在 6～8℃，使土元能安全越冬。

该种养殖方法可以避免气温和空气湿度的骤然变化，

保持池内温湿度相对稳定，减少土壤中的水分蒸发，有利于土元的生长发育和繁殖，多在北方地区采用，适合较大规模的土元养殖。

3. 室内室外结合养殖　无论是室内养殖还是室外养殖土元各有利弊，室内养殖可以控制环境温度，有利于土元生长发育，延长其生长期，提高养殖效益。但是，室内养殖规模往往受到限制。而室外养殖虽然可以形成大的规模养殖场，但是在自然环境下土元的生长繁殖受限，经济效益提不上去。目前最好的办法是采取室内加温养殖与室外生态养殖相结合的办法，从而来提高土元养殖效益。

利用室内加温养殖法进行种虫和幼龄若虫的养殖，可以让种虫常年产卵，1 只雌成虫每年能产卵荚 60 个，比在自然温度下多产二十多个。同时，在加温养殖室内卵荚可以常年孵化，待幼龄若虫达到 3 龄以上时，再转到室外进行养殖。在每年的 4 月初，在室外养殖池上加盖塑料薄膜以透光增温，以使土元提早进入生长期，可以延长生长期 1 个月；到秋后 10 月中旬至 11 月末，再加盖塑料薄膜提高养殖池内温度，又可以延长生长期 1.5 个月。这样冬季繁殖的幼龄若虫，经过冬季和早春的室内养殖和晚春、夏季和秋季的室外养殖，当年入冬就可以收获。这样既可以节省场地，降低养殖成本，又能提高土元养殖效益。

该种养殖方法可以常年进行繁殖及培育幼龄若虫，春、夏、秋季集中培育大龄若虫，具有集中收获、成本低、经济效益突出等优点，适宜较大的养殖场进行综合性生态养殖。

（三）土元养殖土

土元为昼伏夜出性昆虫，白天多潜入土中栖息，晚上出来进行觅食、交配等活动，土元不仅在养殖土中栖息，还在养殖土中摄取部分营养物质，如腐殖质、矿物质和维生素等。因此，无论采取室内或者室外养殖，养殖土都是土元赖以生存的主要条件，养殖土的质量好坏直接关系到土元的成活、生长发育、繁殖，所以要科学选土和合理地配制。

1. 养殖土的选择　土元有喜欢在阴暗、潮湿、富含腐殖质的松散土壤中活动的习性，因此可根据当地的具体土质情况，因地制宜地选择和配制土元养殖土。土质要求疏松透气，一是氧气充足，二是便于土元钻进钻出，有利于其生长发育。养殖土的酸碱性以中性或稍偏碱性为宜，颗粒大小适宜，便于土元生长后期筛取卵荚。一般以冬季取菜园土为好，因为冬季气候寒冷，土壤内不利于土元生长的害虫及病菌较少，从而可减少土元的发病。取回的养殖土要先打碎再喷洒 0.1% 高锰酸钾溶液，然后放在阳光下晒干，或用药物做杀菌杀虫处理，经过配制后即可使用。但一定要注意不能用阴沟泥或施过氨水、农药及碱性的土作养殖土。

2. 养殖土的消毒灭菌与驱虫

（1）**消毒灭菌**　将配制好的 0.1%～0.2% 高锰酸钾

溶液、0.1%新洁尔灭溶液、0.1%～0.2%硫酸铜溶液均匀拌入养殖土，堆积起来用塑料薄膜盖严，24小时后即可使用。

（2）**驱虫**　按每立方米养殖土用80%敌敌畏乳油100克稀释100倍后均匀喷洒，边喷边翻，使其尽量分布均匀。然后用塑料薄膜覆盖，四周压好，防止漏气，堆积1周左右掀开薄膜散气10～15天方可使用。环境温度越高时驱虫效果越好。

3. 养殖土的配制　将经过阳光暴晒或消毒杀虫处理后的养殖土用6目筛过筛去除土内的碎砖、石块和杂物等，土粒的大小以谷粒大小为宜。养殖土不能过干或过湿，以手攥能成团、松手能散开为宜。其含水量一般幼龄虫控制在15%，中龄虫20%，产卵虫25%。一般在冬天、梅雨季，要求养殖土稍干，夏秋季稍潮；若虫稍干，成虫稍潮；饲养坑稍干，饲养缸、饲养柜的上面几格稍潮；保存卵荚的泥土要稍干（图3-8）。

图3-8　松软适中的养殖土

为使土质变得疏松和增加腐殖质，通常在土中添加些土元粪或草木灰、草末、锯末、稻壳、煤灰和适量发酵过的鸡粪、猪粪、马粪等物质（经过消毒杀虫处理）。这样的土质便于土元潜伏、活动、觅食、寻找配偶。虽然土元对养殖土的适应性较强，凡是菜园土、沙土、沟泥土、沙黏混合土、灶脚土、砻糠灰及炉灰等松软、湿润、肥沃的土质均可以利用。但是对于黏性较强的黄泥土，因其易结块，不适合土元的栖居，同时还会黏住虫体，影响虫体的爬行和发育，不宜使用。当发现饲养土过湿或过干时，要及时找出原因，适时调节。过干时，可在饲养土中喷洒少量水或增加一些青饲料用量；过湿时可打开窗子通风散湿或减少一些青饲料的投喂量等。

几种常用的养殖土配方：

（1）无气味的杨树、桐树锯末70%，富含腐殖质、疏松的菜园土30%。

（2）富含腐殖质、疏松的菜园土70%，草木灰30%。

（3）富含腐殖质、疏松的菜园土5份，干牛粪3.5份，草木灰1.5份。

（4）富含腐殖质、疏松的菜园土2份，土元粪8份，熟石灰粉1份。

（5）富含腐殖质的干净土60%，砻糠灰40%。

4. 养殖土的厚度 养殖土的厚度与虫龄的大小和虫体的数量有密切关系，一般不同虫龄、养殖密度及季节，养殖土的铺设厚度有所区别。实践经验证明，1～4龄若虫（如芝麻到黄豆大）饲养土的厚度应为7～10厘米；

5～8 龄虫（似豌豆大）应为 16～20 厘米：9～11 龄虫和成虫应为 20～30 厘米。同一池中，养殖密度大的，养殖土应厚些，密度小的，则土薄些；夏季养殖土内的温度往往高于环境，养殖土层宜薄些，冬季为利用养殖土保温，养殖土层宜厚些；一般养殖种虫的土层要比商品虫的养殖土层相对要厚些，以利于种土元交配及产卵过程少受干扰。

5. 养殖土的更换　养殖时间一长，养殖土中便会出现土元粪便、尸壳、饲料残渣等物质，不仅容易引起霉烂变质，还会对蚂蚁等害虫有引诱作用。因此要及时更换养殖土，以免造成不必要的损失。更换养殖土时可采取多步方法进行：

（1）平时筛取卵荚时，把表层 2 厘米左右的土去掉，然后另加一层新养殖土。

（2）结合成虫采收加工时，进行除旧土换新土。

（3）根据土元生长发育过程中的病虫害情况，随时酌情更换养殖土。

（4）每年全部更换一次养殖土。

（四）土元养殖常用工具

养殖土元需要许多用具，一般常用的有以下几种。

1. 土元筛　是土元养殖必不可少的饲养工具之一，主要用于土元分龄分池饲养、成虫采收、筛选窝泥及卵荚等。养殖土元常用筛子可分为以下 5 种：

（1）**2 目筛**　规格为筛孔直径 8.5 毫米，用于收集成虫和去雄时筛虫。

（2）4目筛　规格为筛孔直径5.5毫米，用于收集7～8龄老龄若虫。

（3）6目筛　规格为筛孔直径3.5毫米，用于筛取卵荚，筛下窝泥和幼龄若虫。

（4）12目筛　规格筛孔为直径2毫米，用于分离筛取1～2龄若虫。

（5）17目筛　规格筛孔为直径1.5毫米，用于筛取刚孵化的若虫和筛下粉螨。

土元筛的规格有多种，主要有圆柱形和正方体形2种。圆柱形直径有30或45厘米、高7厘米，正方体形边长30或45厘米、高7厘米，直径30或边长30厘米的适于家庭养殖使用，大养殖场两种都要配备。注意，不可使用边缘细利的竹片或粗糙的藤条做的筛子，宜选用光滑的铜丝、尼龙丝或是不锈钢丝为原料做的筛子，以免损伤土元的肢体，造成土元死亡。筛子大小及结构以实用、方便使用为宜（图3-9）。

图3-9　土元筛

近年来新开发的"土元种虫 – 种卵 – 饲养土"自动分离技术、"土元种卵 – 土元若虫 – 饲养土"自动分离技术，以及土元中虫与饲养土的自动分离技术，通过土元养殖自动筛（直线筛）的使用，提高了养殖作业效率，提升了种虫的产卵率和种卵的孵化率，极大限度地降低了土元的损伤率，从而降低了生产成本，提高了经济效益，很受规模养殖场青睐（图 3-10）。

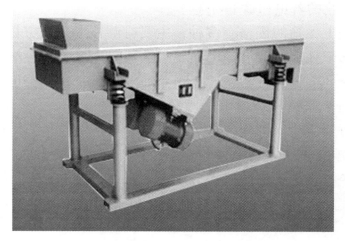

图 3-10　土元养殖自动筛

2. 粉碎机　主要用于粉碎饲料和养殖土，一般适合较大规模养殖的场地使用，小规模养殖场可不用。

3. 喷雾器　用于给养殖池或养殖土喷水增加湿度。

4. 饲料盘（板）　是专门用于放饲料饲喂土元的用具，可用塑料盆、碟子、竹板或木板放在养殖土上，形状扁平，四周略高。可根据需要用薄木板自己制作，木板的厚度 0.3～0.5 厘米，四周钉上梯形小木条，小木条高 0.5～0.8 厘米，坡度 45°，防止饲料滚出。

饲料盘的规格可分大、中、小 3 种。

大饲料盘：50 厘米×50 厘米，供成虫和老龄若虫养殖使用。

中饲料盘：30 厘米×20 厘米，供成中龄若虫养殖使用。

小饲料盘：20 厘米×15 厘米，供 3～4 龄若虫使用。

一般每 0.7 米^2 的成虫或老龄若虫养殖池可放置 2 个大饲料盘；每 0.7 米^2 的中龄若虫养殖池可放置 4 个中饲料盘；每 0.7 米^2 的 3～4 龄若虫养殖池可放置 5～6 个小饲料盘。饲料盘放置均匀，以便于土元采食。

5. 温度计和干湿度计 用于测量土元养殖室或饲养池内的温度和湿度。

6. 耙子 用于翻动养殖土和扒出坑池深处的土元，平整池土，或刮去养殖土表层的虫皮和死虫、掉下的饲料、菜叶等杂物。

7. 长刮板 用于筛选土元时刮土，一般长 50～80 厘米、宽 10 厘米。

此外，还需要配备几个大小不等的用于转池时配制养殖土暂放原料的塑料盘，以及搬运养殖土和土元空壳的编织筐和竹篮等。

二、土元的选种与投放

（一）引　种

对于初养者来说，要到养殖土元多年、成熟、信誉较好的固定土元养殖场家引种，最好到具有育种许可证的规模育种（养殖）场或科研单位引种，以免上当受骗。引种的方式主要有两种，一是引进成虫，二是引进卵荚，一般以引进卵荚的较多。

1. 引进品种　目前我国人工养殖的土元品种主要有中华土元、汉土元和金边土元。其中中华土元以其药效好、适应性和抗病力强、食物来源广、饲料成本低、繁殖快、易饲养、好管理和效益高等特点，非常适合广大农村人工养殖。金边土元虽然上市数量比中华土元少，但其价值略高，是我国港澳地区及东南亚地区畅销的产品，很受消费者青睐。引种时应根据当地的气候、地理环境、养殖设施，以及销售渠道等具体情况而选择不同的品种。

2. 引种方式

（1）卵荚引种　通过引进卵荚孵化出幼小若虫而培育成成虫，再经过选优留为种用。因为卵荚个体小、分量轻、繁殖系数大、易运输，这种繁殖法被广泛采用。

目前，市场上的土元卵荚质量良莠不齐，且从外观上很难鉴别优劣。所以，在购买引进卵荚时一定要注意选择优质的卵荚进行孵化。一般优质的卵荚颜色为褐色或棕褐色，外观正常无畸形无损伤，粒大饱满，光亮而有刻纹，用手轻捏卵荚手感弹性好；对着阳光或在灯光下观察，荚内卵粒清晰可见；用拇指和食指捏住卵荚两端轻轻地挤时，会发生清脆的响声，从其侧面锯齿状小齿处破裂的地方可见白色的乳浆或两边白色的卵粒。卵荚内并排着两排卵，每排6粒以上。若卵荚干瘪或破损，卵荚色泽变浅，呈黄绿色，或卵荚锯齿状小齿处被泥土黏住或已经生白色或绿色霉菌等，都不能选择引进（图3-11）。

图3-11　土元卵荚的选择

（2）**成虫引种**　引进种成虫以产卵期（6～10月）的为最好。这种种虫引回后先要经过一段时间的适应性养殖后，很快就能开始产卵繁殖。但引种时一定要掌握好土元成虫的健康标准，注意选择优良个体，方能提高群体的整体质量。优良的土元种虫色黑且有光泽，体大身长，身体丰满而健壮，四肢齐全，足上刺距清晰，全身不粘泥，基本反应力和爬行速度快，假死性好，逃跑迅速（图3-12）。这样的种虫不但成活率高，抗病虫害

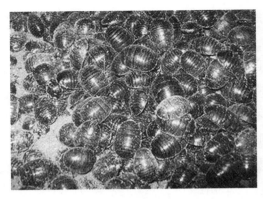

图 3-12　土元种成虫的选择

的能力强，而且繁殖力也较高。

无论是引种土元种卵荚还是活土元种虫，其实各有利弊。种卵荚容易运输，繁殖系数大，适合较大规模养殖场的引种；缺点是需要自己孵化，除了每年农历 5～7 月引种不用加温，其他任何时期都需要加温（尤其是从南往北引种时，北方的气温低会影响孵化），整个孵化期长达 1.5～2 个月，期间如不能很好地控制温湿度或者操作不合理，都有可能造成种卵坏死，降低孵化率。若是考虑引进种虫，一般不受季节限制，一年四季均可引种养殖，省去了种卵孵化的程序，节省了大量的时间，能极大地提高养殖成功率，只要养殖池铺好养殖土，购回种虫后就可以直接放入池中进行喂养；缺点是不方便物流运输，必须专车直达运送至目的地。

3. 引种时间　在人工控温、控湿条件下养殖土元，一年四季均可引种，但最佳引种时间为春季的 4～5 月、秋季的 9～10 月，因为这两个时段气温不高不低，既便于运输，也有利于卵荚的孵化和若虫的生长。

引种时应注意：首先要了解当地有无养殖的优良种源，如果有应尽量在当地引种。这样有两个好处：一是种源适合当地气候条件，养殖容易成功；二是免于长途运输的风险。如果是从外地引种需要长途运输时，运输成虫应先准备好纸箱、蛇皮袋、废报纸等。先把报纸揉成团装入蛇皮袋里，再把成虫装入，这样一方面成虫可以钻入报纸的皱褶里不相互挤压，免得造成损伤；另一方面成团的报纸支撑着袋子，可使袋内空间增大，不会造成空气缺乏而出现土元窒息现象。装好以后把袋子用烟头烧一些黄豆大小的小洞，以便透气，同时土元也不能跑出来。在纸箱四壁上也用小刀或剪子扎一些小洞以便于透气，然后把装有种土元的蛇皮袋放入，包装好。卵荚的装箱运输方法与成虫的方法基本相似，但要注意每袋不要装得太多，以免造成袋内发热影响孵化率。

（二）选　种

选种是保持土元优良特性和优良品质的重要环节。从引种开始就要注意选择优良的个体，一般应选择体大、健壮、活力强、体色黑且有光泽的个体，这样的个体经过一代一代的培育后，成年种雌性土元体重每只可达到2.9克，每年产卵时间9个月以上（不包括冬眠期），一生可产卵荚60多个，而且卵荚内卵粒多、颗粒大，孵化率高。

选种的时间应在雄性土元长出虫翅后1个月进行，

一般宜选择那些尾部拖着卵荚，或者虽然没有拖着卵荚，但腹下部呈粉红色并有光泽，行动反应快，爬行迅速的雌成虫留种。

（三）种土元的投放

选择好了种土元，按照 5：1 的比例搭配好雌雄种土元，投入种土元养殖池进行养殖。投放密度以 0.4万～0.5 万只 / 米² 比例比较适宜。由于雄性土元比雌性土元成熟早，雌性土元应配以比其孵出晚 2 个月的若虫发育成的雄土元。

人工养殖的土元经过多代繁殖后，个体之间有亲缘关系的比例大大提高，很容易造成品种退化。为了保证种群旺盛的生命力和良好的遗传基因，增强其对环境的适应性，防止或减少退化，最好的办法是除了逐代进行选优配种外，还要杜绝近亲交配，每隔 3～4 年引进一部分野生雄土元或其他种群的雄土元与自家养殖种群的雌若虫搭配进行交配繁殖。

（四）野生土元的捕捉

1. 人工捕捉野生土元 土元怕阳光，多生活于潮湿、温暖和富有腐殖质的红苔窖、地窖、灶脚、仓脚及墙脚的松土内，柴草堆、猪圈、牛棚、马厩近旁的松土中。一般白天入土潜伏，夜晚出来活动、觅食或交配。在夜晚捕捉土元最为适宜，捕捉时将土元栖息处的堆积物轻轻移开或将其经常隐蔽的松土慢慢扒开，发现土元时，即可用手或广口瓶将其捕获，如有卵荚也应一起收集起来。

2. 饲料诱捕　采用大口瓦罐或其他光壁的容器进行诱捕，先于诱捕容器内放入经烘炒带香味的米糠麸皮或豆饼屑等诱饵，然后将诱捕容器埋在土元经常出没的地方，容器口要与地面相平，其上可放几根稻草或麦秸，等傍晚土元出来活动觅食时，就会被香味引诱掉进诱捕容器内而无法再爬出来，将容器取出，即捕获土元种虫（图3-13）。

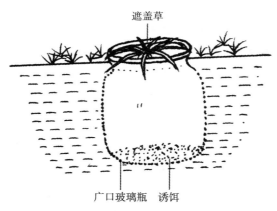

图3-13　食饵诱捕土元示意图

三、土元的饲养管理

自然状态下，土元可根据自身的需要自由采食昆虫或其他食物来满足其生长发育和繁殖等生命活动。而人工养殖土元，为了获得理想的生产效果，必须根据土元不同生长和生产阶段的营养需要供给价值完全的饲料。土元的饲料很广，不同饲料的组合和搭配对土元的生长、发育、繁殖都影响很大，因此在选择土元饲料时，必须进行适当搭配，既要注意营养丰富，又要考虑降低成本。

（一）土元的营养要素

土元需要的营养物质主要包括蛋白质、脂肪、碳水化合物、维生素、矿物质和水，统称为六大营养要素。这些营养物质必须不断地从饲料中摄取。

1. 蛋白质　是一切生命的物质基础。土元体内的一切组织和器官，都是以蛋白质为主要原料构成的，土元体组织中干物质一半以上都是蛋白质。蛋白质还是机体酶和某些激素的重要成分。在土元的代谢过程中，蛋白质有着不可代替的重要作用。由于蛋白质在土元体内数量大、种类多，而且在旧细胞的死亡和新细胞的新生过程中，随时会大量消耗掉，因此，蛋白质是土元营养供应的第一要素。若蛋白质供应不足，就会导致土元体营养不良、体重下降、繁殖力低下、免疫力减弱等。但是蛋白质若过量，不仅浪费饲料，还会引起土元消化机能紊乱，甚至造成中毒死亡。

构成蛋白质的基本单位为氨基酸，共有二十多种，其中可分为必需氨基酸和非必需氨基酸。非必需氨基酸在机体内可通过其他氨基酸的氨基转换或由无氮物质和氨化合而成。饲料中缺少非必需氨基酸，一般不会引起营养失调和生长停滞。而必需氨基酸不能在机体内合成，也不能由其他氨基酸代替，必须经常从饲料的蛋白质中供给。饲料中如果缺少必需氨基酸时，即使蛋白质含量很高，也会造成营养失调、生长发育受阻、生产性能下降等不良后果。土元的必需氨基酸主要有丙氨酸、赖氨酸、苏氨酸、缬氨酸、亮氨酸、异亮氨酸、色氨酸、精氨酸、丝氨酸、组氨酸、脯氨酸等 11 种，这些氨基酸在饲料中缺一不可，必须注意补给。

土元对蛋白质的需要，在一定程度上由蛋白质的品质来决定。蛋白质中氨基酸越完全，比例越恰当，土元对它的利用率就越高。由于各种饲料中蛋白质的必需氨基酸的含量是不相同的，所以，在生产实践中，为提高饲料中蛋白质的利用率，常采用多种饲料配合使用，以促使各种必需氨基酸达到互相补充。若给土元单独饲喂某些食物，这样土元取得的氨基酸数量可能就不足，就会导致氨基酸不平行，因而蛋白质的利用率不高，时间长了，很容易引起蛋白质缺乏症，直接影响土元的正常生长发育和繁殖。

2. 脂肪 是土元不可缺少的营养物质之一，主要供给土元机体能量和必需脂肪酸，还与土元的冬眠有重要关系。脂肪作为土元体内的主要贮备能源，广泛分布于机体的组织中，所含的能量较高，一般为同质量碳水化合物或蛋白质的 2.25 倍。

脂肪是土元体能的主要来源，并可促进脂溶性维生素的吸收和利用。土元机体的生长发育和修复组织也必须有脂肪充分供给。此外，脂肪还起着保护内脏，减少机械冲撞造成的挤压损伤的作用，同时还具有防止体内热量散发等作用。

土元体内所需要的脂肪是通过采食饲料中的脂肪、碳水化合物经消化转化而成的，不需要额外添加含脂肪高的饲料原料。而对于某些脂肪酸，如亚油酸和亚麻酸，土元自身不能合成，必须经过饲料中获取，缺乏这些脂肪酸对土元的生殖会造成不良影响。此外，土元也不能合成甾醇类物质，故甾醇类也是必需的营养物质，在动物性饲料、杂粮、油料作物糟粕饲料原料中，这类物质含量均比较高。土元饲料中的脂肪含量不要过高，否则会引起消化不良、食欲下降，只要喂给土元各种动物性饲料，就能满足其对脂肪的需要。

3. 碳水化合物　主要作用是为土元体提供能量，同时参与细胞的各种代谢活动，如参与氨基酸、脂肪的合成，供给能量，可以节约蛋白质和脂肪在体内的消耗。碳水化合物包括两大类：一类为无氮浸出物，主要由淀粉和糖构成；另一类为粗纤维。

在植物性饲料中，含有大量的淀粉和纤维素，土元的体内无分解纤维素的酶，所以纤维素不能被分解利用。土元一般要求饲料中纤维素的量尽可能低些，淀粉的量也不宜过高，否则会影响土元的食欲，引起肠道不适，甚至腹泻。

4. 矿物质　又称无机盐，是土元体内无机物的总称。矿物质在土元体内的生理活动过程中起着重要的作用。矿物质是无法自身产生、合成的，每天矿物质的摄取量也是基本恒定的。维持土元正常营养所必需的矿物质要有几十种，根据其在体内含量的多少分为常量元素和微量元素两大类，如钙、磷、钠、钾、氯、硫、铁、镁等在土元体内含量较多，称之为常量元素；而如铜、锌、锰、碘、钴等在土元体含量较少，称之为微量元素。土元体内对矿物质的吸收以及代谢过程，是和水的吸收与代谢密切相关的。一旦缺少了矿物质，轻者则引起土元发生疾病或生长迟缓，重则引起死亡。

5. 维生素　是维持土元正常生命活动所必需的一类有机物。维生素虽然不是构成土元体的主要成分，也不供给土元能量，但它广泛存在于土元体内各种细胞组织中，是构成酶的辅酶或辅基的重要成分。除少数维生素可贮存于某些器官中外，大部分维生素需经常从外界摄取。维生素的需求量虽然极微小，但在土元机体内所起的作用却很大，其主要营养功能是调节物质代谢和生理机能。土元缺乏维生素时，可引起代谢失调，生长发育停滞，生理机能减退，繁殖力下降，抵抗力减弱，并导致维生素缺乏症的发生。

维生素的种类很多，多数维生素在土元的体内不能合成或合成的量很少，必须靠摄取饲料供给。目前已经发现土元所需要的维生素有二十多种。不同的维生素各具有特殊的功能。根据维生素溶解性质分为两大类，一类是脂溶性维生素，另一类是水溶性维生素。脂溶性维生素主要有维生素 A、维生素 D、维生素 E、维生素 K，它们均可以溶于脂肪或脂肪溶剂蓄积于体内，供机体较长时间的利用。水溶性维生素是指溶于水中才能被机体吸收的维生素，常用的有维生素 B_1（硫胺素）、维生素 B_2（核黄素）、泛酸（维生素 B_3）、维生素 B_4（胆碱）、维生素 B_5（烟酸）、维生素 B_6（吡哆醇）、叶酸（维生素 B_{11}）、维生素 B_{12}（氰钴胺素）、生物素（维生素 H）和维生素 C（抗坏血酸），它们在体内不能贮存蓄积，多余时会被迅速排泄出去，因此必须在饲料中经常添加。

饲料中无论缺少哪一种维生素，都会造成土元机体新陈代谢紊乱，生长发育停滞，同时抗病力下降，容易生病。如缺少 B 族维生素，会引起消化不良；缺少叶酸，会出现生长迟缓、贫血、胃肠炎等。所以，经常适量地在饲料或饮水中添加多种维生素，保证土元体内各种维生素的正常含量，对维护土元的机体健康很有好处。

6. 水　是构成土元有机体的重要组成部分，是土元机体内生理生化反应的良好媒介和溶剂，并参与土元体内物质代谢的水解、氧化、还原等生化过程，还参与体温调节，对维持体温起着重要作用。体内营养物质及代谢废物的输送或排出，主要是通过溶于血液中的水分借助血液循环来完成的。另外，土元身体的表层是以几丁质为主要原料的硬皮，一般雄土元一生要蜕皮 7～9 次，雌土元蜕皮 9～11 次，才能长大成成虫。到了蜕皮的时候，需要 85%～95% 的水分来滋润硬皮，再加上营养条件好、体质健壮，土元才能顺利蜕皮。所以，蜕皮与水分也有着密切的关系。因此，土元的生长发育离不开水分，水分缺乏将影响其正常的生理活动顺利进行。

（二）土元常用饲料

土元属于杂食性昆虫，一般喜欢取食含水量适中的昆虫，含水量过高或过低，土元都不爱吃。对有腐臭或有特殊气味、呆滞、死亡的昆虫也不爱取食。因此，在人为控制的饲养条件下，选择和搭配好饲料，直接关系到土元养殖的成败和效益。

人工养殖条件下，可以把土元饲料分为六大类，养殖者可以根据自己的条件充分开发利用。

1. 精饲料　主要是指粮食、油料加工后的副产品和下脚料，如碎米、小麦、大麦、高粱、玉米、麦麸、米糠、粉渣等。一般新鲜的可生喂，炒半熟带有香味的对土元更有诱食性。

2. 青绿饲料　主要包括各种蔬菜、鲜嫩野草、野菜、牧草、树叶、水生植物、农作物的茎叶等。如各种青菜，像莴苣叶、包菜叶、大白菜、向日葵叶、南瓜叶、南瓜花、芝麻叶、甘薯叶、黄豆叶、蚕豆叶等；各种阔叶青草，如奶奶草、兔耳草、车前草、苋菜等；嫩树叶，如桑叶、榆树叶、刺槐叶、紫穗槐叶、泡桐叶等；牧草，如菊苣叶、鲁梅克斯 K-1 叶、苜蓿叶、三叶草叶等；水生植物，如浮萍、水葫芦、水花生、水芹菜叶等。

3. 多汁饲料 主要指各种瓜果及植物块根、块茎等。瓜果类，如南瓜、甜瓜、西瓜皮、菜瓜、番茄、茄子等，以及这些瓜果的花、叶等，还有水果的果皮、次等水果等；块根、块茎类，如胡萝卜、萝卜、土豆等。

4. 粗饲料 是指经发酵腐熟、晒干、捣碎筛过的牛粪、猪粪、鸡粪等畜禽粪便。

5. 蛋白质饲料 包括植物性蛋白饲料和动物性蛋白饲料。

（1）植物性蛋白饲料 如去毒的棉籽饼、菜籽饼、黄豆饼、黄豆、豆腐渣（晒干）等。

（2）动物性蛋白饲料 如鱼粉、蚕蛹粉、蛆粉、肉骨粉、小鱼虾等，以及畜禽下脚料，如猪、牛、羊、鸡、鸭肉的碎屑、残渣等。

6. 矿物质饲料 主要有骨粉、贝壳粉、石粉、磷酸氢钙、蛋壳粉等。

（三）土元饲料的调制

土元的饲料很广，不同饲料的组合和搭配对土元的生长、发育、繁殖影响很大，因此，在选择饲料时，必须根据饲料资源进行选择适当的搭配，既要注意营养丰富，又要考虑降低成本。由于不同龄期土元生长发育所需要的营养不同，其饲料的调制配方也有所不同，下面提供几种饲料配方以供参考（以每 100 克为单位计算）：

①1龄若虫饲料配方：麦麸40克、米糠40克、青饲料10克、鱼粉或蚕蛹粉5克、酵母粉1克、南瓜4克。

②2～3龄若虫饲料配方：玉米粉10克、麦麸20克、米糠10克、豆粕10克、鱼粉或蚕蛹粉5克、骨粉0.5克、贝壳粉2克、酵母粉2克、鸡粪30克、磷酸氢钙0.5克、南瓜10克。

③4～6龄若虫饲料配方：玉米10克、麦麸20克、米糠15克、豆粕10克、骨粉1克、贝壳粉2克、酵母粉1克、碎米6克、青饲料30克、大麦5克。

④7～9龄若虫饲料配方：玉米10克、大麦10克、麦麸30克、米糠10克、豆粕5克、骨粉5克、贝壳粉7克、酵母粉3克、青饲料20克。

⑤10～11龄若虫饲料配方：玉米10克、大麦10克、麦麸30克、米糠10克、豆粕5克、鱼粉5克、青饲料20克、贝壳粉7克、酵母粉3克。

⑥产卵成虫饲料配方：玉米10克、麦麸20克、米糠18克、豆粕15克、鱼粉12克、青饲料15克、贝壳粉5克、酵母粉3克、磷酸氢钙2克。

上述饲料，饲喂时加适量水，搅拌均匀，干湿度掌握在手捏之成团、触之即散的程度，随配随用，不能长期保存。

（四）土元的日常饲养管理

1. 土元若虫虫型划分

在土元养殖过程中，为便于识别与饲养管理，通常

把土元由刚孵出的若虫到成虫的生长时期划分为 5 个虫型阶段。

（1）**芝麻型**　是指刚孵化出的幼龄若虫。形体小，白色，如芝麻般大小，虫龄为 1 龄若虫。

（2）**绿豆型**　是指虫体似绿豆般大小，从芝麻大小长到绿豆般大小的虫体需要 1 个多月的时间，虫龄为 2～3 龄若虫。

（3）**黄豆型**　是指虫体似黄豆般大小，从绿豆型虫体生长至黄豆般大小的虫体需要 2～3 个月，虫龄为 4～6 龄若虫。

（4）**蚕豆型**　是指虫体似蚕豆般大小，从黄豆型虫体生长到蚕豆般大小的虫体需 2 个多月，虫龄为 7～9 龄若虫。

（5）**拇指型**　即成虫，虫体似拇指般大小，体长 3～3.5 厘米，从蚕豆型虫体生长发育为成虫需 2～3 个月，虫龄为 10 龄以上。

在良好的养殖管理条件下，从刚孵出的若虫生长发育到成虫，养殖期需要 7～8 个月（连续生长情况下）。如果在自然状况下养殖，不采取任何加温措施，从孵出的若虫生长发育到成虫的时间就长。

2. 土元的养殖密度

（1）**最佳养殖密度**　土元的养殖密度与产量有着直接的关系，因此，要想提高养殖生产效率，获取最好的经济效益，必须控制好土元的养殖密度。

表 3-1 1 千克土元卵荚各龄期虫口数和所需养殖池面积

虫 型	养殖池面积（米²）	每平方米极限重量（千克）	密度（万只/米²）	虫口数量（万只）	养殖土厚度（厘米）
芝麻型	1	1	18	18.00	7
绿豆型	1.5	2.5～9	10.7	16.00	7
黄豆型	3.5	9～10	4	14	9
蚕豆型	6.5	11.5～13	2	13	15
拇指型	12	30	1	12.7	18

　　如表 3-1 中所示，在最佳的饲养管理条件下，每平方米养殖池最多投放 1 千克土元卵荚，能孵化出 18 万只左右的芝麻型若虫（1 龄期），经过 1 个月左右的生长发育，这些若虫就可达到绿豆型若虫（2～3 龄期），由于幼龄若虫死亡率高，此时可能只剩下 16 万只左右，按每平方米养殖池约养殖 10 万只绿豆型的若虫计算，所需要的养殖面积为 1.5 米²；绿豆型的若虫再经过 2～3 个月的生长发育，达到黄豆型若虫（4～6 龄期），这时虫数约降至 14 万只左右，每平方米养殖池能养殖 4 万多只，需要养殖池大约 3.5 米²；黄豆型以后的虫体抵抗力增强，死亡率降低，经过 2 个月的生长发育即可达到蚕豆型虫（7～9 龄期），数量约为 13 万只，按每平方米养殖池能养殖 2 万只，需要大约 6.5 米²的养殖池；由蚕豆型若虫再经过 2～3 个月（龄期达到 10 龄以上，可以作为商品虫处理）的生长发育，虫体已长到拇指大小，这时总数约剩下 12.7 万只，所需养殖池面积以每平方米养殖 1 万

只计算，约为 12.7 米^2。

每千克活成虫有 500～600 只，12.7 万只成虫如果都作为商品土元处理，就有 212～254 千克鲜土元，按照鲜土元加工成干品出品率为 40% 计算，就可以收获商品土元 84.8～101.6 千克。

（2）一般条件下养殖密度 对于一般养殖管理条件和初学者来说，由于设施、环境和养殖经验等诸多因素的限制和影响，开始养殖时养殖密度不要太大，留种卵荚的密度以每平方米养殖池面积 0.15～0.25 千克为宜；1～3 龄期的若虫 10 万～13 万只（0.8～1 千克），以在养殖土上铺满且不重叠稍有点空隙为好；4～6 龄期的若虫 4 万～6 万只（2.3～2.5 千克）；7～9 龄期的若虫 1.5 万～2 万只（约 2.3 千克）；10 龄期以上的成虫 0.5 万～0.7 万只（约 2.5 千克）；产卵期的成虫 0.35 万只左右（5～5.5 千克）。

总之，养殖密度应以土元不患病、不抢食、不相互残杀和虫体健康发育为原则。无论采取哪种养殖方式，都应给土元创造一个良好的养殖环境，加强养殖管理，不断总结经验，制定一套完善、合理的养殖措施，运用良好的养殖技术，才能获得更高的效益。

3. 土元饲料的投喂 土元具有冬眠的习性，每年的 4 月初当气温升高到 10℃ 以上时，便结束冬眠出来活动（俗称"出蛰"）。由于冬眠期间土元体内营养消耗较多，出蛰后应及时补充营养，可采取先喂精饲料，过一段时间待体质恢复后再搭配粗饲料的方法。在土元发育阶段，初龄若虫由于食量小，以饲喂精饲料为主，促进其发育健壮，增加抵抗力，1个月后再适量搭配粗饲料。虫体发育到6龄期时，开始进入暴食期，应以喂粗饲料为主，辅以精饲料。

产卵的土元因消耗营养多，需要高蛋白，应以精饲料为主，并且要增加动物性饲料。喂食要定时定量，集中与分散相结合。一般每天于傍晚集中投喂1次。投喂方法是把饲料分散、多点撒在平面容器上，把容器再放在饲养土上面；或把塑料薄膜摊在饲养土上面，再把饲料分散、多点撒在其上，这样就较好地保持清洁卫生。第二天傍晚时取出剩食换上新料，并将落在饲养土上的残食拾净，以免发霉引起疾病。

每次投给的食物量以第二天不见剩食为度。对于麸皮、米糠、豆粉、杂鱼、杂肉末等要蒸熟并做成薄饼进行饲喂，这样既防止浪费，又不会撒在饲养土上造成污染。土元食量大小除与虫龄有关外，气温的高低及饲料的优劣也有很大关系。一般情况下，每增重1千克土元，就需消耗麦麸2千克（青饲料未计算在内）。

每年的4月初至5月中旬，土元便开始出来活动觅食，但这时由于气温仍然偏低，所以其活动量较小，采食量也不大，因此投饲不宜过多，可以隔日喂1次。到了夏秋季节，由于气温升高，土元新陈代谢旺盛，吃食量大增，生长速度加快，这时要加大投饲量，坚持每天都要投饲。但应注意防止饲料发霉，每天中午应检查养殖池内是否有剩食，如有剩食要及时取出，以防腐败变质引起中毒。当气温过高、养殖池（床）干燥时，可多投喂些瓜果类和青绿多汁饲料，以补充水分。当气温降低，土元吃食量减少时，可隔 1 天投饲 1 次。

另外，对成虫要加喂些动物性饲料，以促进其产卵量增加。但不要多喂脂肪和含盐量多的饲料，否则会引起死亡。

（1）饲喂方法 土元的饲喂方法有 3 种，即分点式饲喂法、撒料饲喂法和食料盘饲喂法，一般多采用食料盘喂饲法。

①分点式饲喂法 是先把饲料用开水浸泡，待冷却后捏成小团进行饲喂。此法适合于 4 龄期以上的若虫，优点是易掌握土元的采食量，缺点是容易造成相互抢食，身体弱小的土元往往吃不上饲料，而在争抢过程中饲料又容易被拖入养殖土中，不仅造成浪费，而且容易发热霉变污染养殖土导致土元发生疾病。

②撒式饲喂法 是直接把饲料撒于养殖土表面进行饲喂，此法适合于 1～3 龄的若虫。该法的缺点是不易掌握土元的采食量，而且容易使渗入养殖土中的饲料发生霉败变质，影响土元的生长发育及蜕皮。

③食料盘饲喂法 是用长方形且四周稍有点高帮的木板或碟、盘之类的容器，在养殖土面上均匀地摆开，且稍按压使食料盘底一部分进入养殖土中，然后在上面均匀地放上饲料饲喂。从若虫期到成虫期均适合采用此方法饲喂。该法的优点是不仅容易掌握采食量，而且还方便打扫剩余的饲料，能避免土元发生相互争食抢斗的现象。

（2）**投喂的次数和投喂量**　一般情况下，土元若虫在天黑后就会主动出来活动觅食，在天亮前又重新进入土层中潜伏起来。因此给土元喂饲应在傍晚前后进行。每天喂饲的次数应根据季节的变化灵活掌握。在低温的季节，以每 2 天投喂 1 次饲料；高温季节每天投喂 1～2 次为宜，以保证土元足够的营养需要。

饲料投喂量应根据气温高低和土元的养殖密度大小而定。一般来讲，气温高的时期每天的饲喂量应比气温低的时期要多；气温低的时期每天投饲量应比气温高时要少。养殖密度大的饲料消耗多，每天应多投一些；饲养密度小的饲料消耗少，每天应少投一些。原则上要掌握"精料吃完，青料有余"，既要若虫吃饱，又不要浪费。另外，土元若虫每次蜕皮前后的食量都会有所减少，蜕皮期间甚至完全停食，应掌握好这一规律，适量饲喂。

每日投喂饲粮的多少一般按万只土元来计算。表3-2 为万只土元不同月龄不同种类饲料的投喂量，可供参考。

表3-2　万只土元体饲料搭配量　（单位：千克）

虫　型	饲料种类		
	米　糠	青饲料	残　渣
1 月龄	0.25	0.50	0.25
2 月龄	0.50	2.00	1.00
3 月龄	1.25	4.00	2.50
4 月龄	2.00	6.00	4.00
5 月龄	3.00	8.00	6.50

续表 3-2

虫 型	饲料种类		
	米 糠	青饲料	残 渣
6 月龄	4.00	12.00	8.00
7 月龄	5.00	16.00	11.50
8 月龄	7.00	20.00	17.00
合 计	23.00	68.50	50.75

1 千克卵荚大约有 1.8 万～2 万粒，在养殖条件好的情况下从刚孵化出的 18 万只芝麻型若虫，生长发育到最后 12.7 万只商品虫需要的饲料如表 3-3 所示。

表3-3 1千克土元卵荚孵出若虫至商品虫消耗的饲料 （单位：千克）

若虫月龄	饲料种类			
	麦麸或米糠	青饲料或瓜果类	酵母粉	添加剂
1 月龄	0.14	0.8	0.03	0.014
2 月龄	0.60	1.6	0.12	0.06
3 月龄	1.40	4.8	0.28	0.14
4 月龄	2.60	9.0	0.52	0.26
5 月龄	3.60	14.0	0.72	0.36
6 月龄	5.40	20.0	1.08	0.54
7 月龄	7.4	30.0	1.48	0.7
8 月龄	11.2	40.0	2.24	1.12
9 月龄	13.2	50.0	2.64	1.32
合计	45.54	170.2	9.11	4.55

注：表中酵母粉为禽用酵母粉，添加剂为土元专用活性添加剂；5 月龄后可加入少量动物性饲料

4. 温度和湿度调节 温度和湿度对土元的生长、发育和繁殖，尤其是温湿度的大小对蜕皮等生理活动影响很大。在低温低湿的环境下，土元的生长发育受到抑制；低温高湿，很容易造成土元消化不良，患腹胀病；高温低湿，则会造成土元慢性或急性脱水而死亡；高温高湿，则容易使饲料腐烂变质，大量病菌滋生，使土元易感染霉菌病等。因此，一定要加强管理，保持适宜的温湿度，在自然温湿度达不到要求时，应考虑进行人工调节。

（1）温度调节 温度调节主要有两方面，加温或者降温。在冬季气温偏低的时候，要适当增加养殖池温度；在环境温度偏高时，应想办法降低环境温度。

①加温法 方法很多，如电热加温、水暖加温、火道或火炉散热加温等，各养殖场要根据自己的实际情况因地制宜，合理选择利用。

一是电热加温。即利用电能发热来增加养殖池温度，常用的方法有电灯（红外灯或电烤灯）加温、电暖器加温、电炉或电取暖器加温。有条件的最好是采用增湿型的电取暖器加温，既方便、安全、无污染，而且成本也不高。

二是水暖加温法。即利用热水管升温。该种方法散热温和、均匀，不易产生烘烤现象，但投资较大，成本高，不适宜小规模养殖场使用。

三是火道或火炉散热加温法。火道加温法是指在土元养殖室内设置内呈"S"形或"N"形排烟管道砌成的火墙，或在地面上设置2条呈"II"形烟道，通过烟道散热来达到升温的作用。火炉散热法是指在室内或室外安置火炉，火炉上安装一定长度的铁皮烟筒，通过烟筒散热来提高室内温度。采用此法加温要注意增加室内的氧气，每天注意打开几次门窗，以通风换气，但每次开门窗通风时间不宜太长，一般十几分钟为宜。该法投资小，经济实惠，方便灵活，适合家庭养殖户采用。

②降温法　养殖池内温度偏高时，常采用打开养殖室门窗进行通风并向地上喷洒清水，或是向空中喷雾状水等措施来降低温度。该种方法简单，易操作。

（2）湿度调节　空气相对湿度和池土或盆土湿度对土元养殖影响较大，应注意调节。

①空气相对湿度调节　调节室内空气相对湿度较为容易，一般增湿要因季节而异，夏季如空气干燥，可在室内地面或墙壁上喷洒清水；冬季可在炉子上放置水壶或水盆，靠水分的蒸发来增加空气湿度，也可同时在地面上洒水。减湿通常可采取打开养殖室的门窗进行通风等措施来解决。

②池土或盆土湿度调节　调节养殖池或盆土湿度相对较为复杂，为保证湿度均匀，地面不出现积水或形成泥泞，也不能影响土元的活动，多采用注射器向土壤深处注水法。具体做法是：在养殖土层的最下面，铺上一层5厘米以上的无黏性沙土或小石子，用空心的竹子或钻有小孔的塑料管插入养殖土深处，竹子或是塑料管的上面的一端要高出养殖土层几厘米，然后往管子里注入清水，清水通过管子上的小孔渗出，慢慢渗透扩散到养

殖池各处。该方法既不会将土元淹死，也不会黏住土元的足须及气门，比较安全可靠。

5. 光照调节 光照对土元的各种虫态的发育速度、繁殖率及寿命虽然都有一定的影响，但不如其他昆虫明显。光照主要影响土元的活动和行为，如晚上日落后出来觅食活动，寻找配偶，白天潜伏在土壤中，尤其是对其活动周期具有明显的信号调节作用。特别是对野外采来的土元，人工养殖时应尽量减少光照时间或给予较暗的灯光，使其在人为的环境中生活一段时间，适应新的环境后，再逐渐增加光照亮度和延长光照时间。但光照时间和亮度不要经常更换，以保证土元活动规律的相对稳定。

6. 防止土元外逃 随着土元的生长，生活空间开始变得拥挤不堪，这时就容易发生土元逃跑。为阻止土元逃跑，减少不必要的损失，可采取如下方法。

（1）不管是盆养、箱养、缸养还是池养，均要设置防逃设施。如盆养，盆的内壁应光滑且干净，若过于粗糙必须用透明胶粘贴好；如池养，池的上部四周用玻璃块贴好。另外，养殖池底用水泥处理好，以防土元打洞从地下钻出而逃跑。

（2）在养殖池或养殖缸的四周用水泥修一圈水槽，平时槽内要盛满水。因土元怕水，所以想逃跑的土元见水后便会退回来。另外，设置水槽还可以防止老鼠、蜈蚣或蚂蚁等土元天敌的侵害。

（3）雄性土元在第九次蜕皮后就会到处飞了，必须提前在养殖池的上面和四周用纱窗网包严以防逃。人员出入养殖池时应随手关好门（带有纱网的门），以防土元飞出去。

（五）不同阶段土元的饲养管理

土元的生长速度与其摄食能力、体质、环境和饲养密度等因素都有很大的关系，即使同一批孵化出来的若虫，其生长差异也很大。当饲养密度过大，食料不足，温、湿度不适或是缺少某些营养物质时，土元群常会出现大吃小、强吃弱、未蜕皮虫吃正在蜕皮的现象，给生产带来不必要的损失。因此，必须把不同龄期的若虫分开饲养，从而使虫体发育进度相当，以便于管理和采收。土元全程饲养管理一般分为幼龄若虫期饲养管理、中龄若虫期饲养管理、老龄若虫期饲养管理和成虫期饲养管理四个阶段。

1. 幼龄若虫期饲养管理　土元幼龄若虫是指 1～3 龄若虫，刚孵化出来时为白色，如芝麻粒大小，在蜕了 2 次皮后个体逐渐长大，身体似绿豆般大小，呈浅黄褐色，整个幼龄若虫期约 2 个月。

土元幼龄若虫个体小，活动能力和觅食能力较差，抗逆能力不强，常到饲养土表层觅食，此期间是最容易死亡的阶段。此外，它们既不能栖息于饲养土的深处，又不能咀嚼一般的粗硬青饲料。为了给幼龄若虫创造适宜的蜕皮和觅食生长的环境条件，配制的饲养土要细且疏松，腐殖质含量要高，湿度宜小，温度控制在 28～32℃，饲养土的湿度在15%～18%，空气相对湿度在65%～70%，饲养土厚度不宜太厚，一般6～7厘米厚为宜。

在疏松潮湿肥沃的饲养土中，刚孵出的若虫一般不喂饲料也能蜕1～2次皮。若虫经过1次蜕皮后，便开始能少量取食，但是由于咀嚼式口器发育尚未完善，消化功能比较差，而此时身体生长发育又需要较高的营养，因此，要喂给些营养价值高、容易消化吸收、若虫喜欢吃的精饲料，如炒香的麦麸、米糠类，并添加少量的鱼粉或蚯蚓粉等。同时还可以投喂些植物的花、嫩菜叶、南瓜丝等，饲喂时可切碎与麦麸或细米糠拌在一起撒在饲养土上，每1～2天投喂1次。

2龄后若虫生长发育快，喜欢白天出来觅食，但仍然怕光，因此白天投饲后要注意进行遮阳，尽量造成阴暗的环境，以便于若虫出土觅食。平时要注意及时清除饲料盘和饲养土表层的剩余饲料，一般每2天清除1次，以免饲料霉败变质造成污染，引起虫体发病。随着虫体的生长，要及时调整养殖密度，刚孵出的幼龄若虫每平方米饲养18万只，2～3龄达到绿豆型的若虫时每平方米饲养8万只左右即可。同时，要注意防螨、蚁害，一旦发现，应立即采取措施予以清除。

2. 中龄若虫期饲养管理 土元中龄若虫是指4～6龄若虫。经过2次蜕皮后变成形似绿豆大小的若虫，随着虫体的长大，活动能力逐渐增强，这时的土元喜欢栖息在表层的1～2厘米的地方，下深至2～3厘米，由土表层中觅食过渡到出土觅食了，整个幼龄若虫期大约3

个月。

随着中龄土元若虫的采食量日渐增加，对青饲料和粗饲料的消化吸收能力日益增强，其抗疫能力也在不断地提高，可以说这段时期是虫体生长发育最快的时期。因此，在其饲料的搭配上，可适当增加青饲料和多汁饲料的比例，而逐渐减少精饲料的用量，而且品种要多样化。但是，为了保证中龄若虫迅速生长和蜕皮的营养需要，蛋白质含量不能低于18%，同时适当增加钙、磷成分。在饲料中可加入1%左右的酵母粉，以增进食欲加强消化。饲料配合时应注意原料的种类要相对稳定，变换饲料宜逐步进行；尤其是在喂养青饲料时不能突然变换，以免产生拒食，影响饲料的消化，严重时还会发生互相残食，带来不必要的损失。

中龄若虫一般日喂1次，原则上掌握精料要先吃完，青料有少许剩余，既要土元吃饱，又不能造成饲料浪费；在气温较低的季节，由于若虫的活动和消耗随着气温的下降而相应减少，其摄食量也减少，这时可隔2～3天喂1次。一般土元在蜕皮前后采食量明显减少或停食，当蜕皮时完全停止采食。这时可以停止投食或是少投食，当饲养土表面具有大量的虫壳时再投食。随着虫体体重的增加，每进行一次蜕皮就要进行一次分池，以免密度过大发生互相残食，或在第一次分池时直接按成虫饲养密度分好，以后就不需要再分池。这个时期的饲养密度以每平方米3万～4万只为宜。

中龄以上的若虫均能出土觅食，可改变以往撒在饲养土表层的那种喂饲方式，改用饲料盘饲喂，这种方法不污染饲养土，比较卫生。具体的做法是，在养殖土表面撒上一层 3～4 厘米厚经过发酵处理过的稻壳、麦壳，然后将放有饲料的食盘或木板放到稻壳、麦壳上，这样土元从饲养土中钻出来觅食的时候，就可去除身上带有的泥土，吃食时就不会落到饲料盘中。投喂水分较多的青饲料应在早上进行，精料宜在傍晚投喂较好。给若虫喂食精料时要注意设置饮水器，以免高温天气水分蒸发引起虫体脱水而死亡。可在盘里放一块消毒过的海绵，盘或碟内的水不宜过多，以免若虫淹死。

到了中龄若虫期以后，由于投喂青饲料增加了，再加上放置水盘，故饲养土的湿度容易增加，而且容易被残留食料污染，应注意保持饲养土的适宜湿度和清洁卫生，食盘和剩余的残料要及时打扫清理，以免发霉变质引起虫体发病。一般此阶段以饲养土厚度 9～10 厘米，饲养土湿度 18%～20%，室内空气相对湿度 75%，饲养室温度 28～32℃较为合适。

3. 老龄若虫期饲养管理　老龄若虫是指经过 4～5 个月生长，从黄豆型已长到蚕豆型大小的 8～11 龄的虫体，此时期虫体仍继续生长，在外部形态上与中龄若虫相比没有什么大的变化，其饲养管理方法和中龄若虫基本相似。但是，从生理上讲，老龄若虫已进入生殖系统发育迅速阶段，即将羽化为成虫，由生长期转入到繁殖期，这时的进食量较大，对饲料的数量和质量要求也有所提高。此时投喂的饲料要增加精饲料，多补充维生素、蛋白质、矿物质，青绿饲料和粗饲料的数量应相应地减少。这一阶段给予充足的营养，不仅能缩短饲养周期，减少相互残食，提高产量，降低养殖成本，同时还能为提高产卵率和种卵质量打下良好的基础。

中龄若虫进入 9 龄时期以后，雄性土元日渐成熟，不久则会羽化长翅，并失去药用价值，这时要适当地淘汰些雄性土元（简称"去雄"），其余的留下作种虫。自然状态下雄性土元占总若虫群体的 43% 左右，而留下 20% 即可满足土元的交配任务。生产实践证明，留种土元的雌雄比例应为 5 ∶ 1，即备 6 000 只种虫，应留雌性土元 5 000 只、雄性土元 1 000 只。一般在雄性土元长出翅前就将多余的雄性土元挑出，进行加工处理作为药用。这样不但节省了大量的饲料，还节省了养殖面积，增加了经济效益，而且不影响交配。挑选方法：在雄性土元 8 龄期，其羽化前半个月用筛子把虫子筛出来，放在盆内，将雄性土元逐个拣出，余下的或是生长不齐的再倒入池中继续养殖。

随着老龄若虫的食量不断增大，其产在池内养殖土表层的虫粪也会逐渐增多，在高温高湿的情况下，很容易发热霉变，滋生螨虫或线虫等寄生虫，严重影响土元的健康。因此，要定期清除虫粪。操作方法：待若虫蜕皮后，将表层 1 厘米内的饲养土及虫粪全部刮除，随后补充新配制的饲养土。这样处理几次后，饲养土的清洁度就会得到很大的改善。通常老龄若虫饲养土的厚度在 15 厘米左右为宜。

4. 成虫期饲养管理　当老龄雌性若虫经过 9～11 次蜕皮、雄性土元经过 7～9 次蜕皮，完成最后一次蜕皮，此时无论是雌性或雄性土元都具有了生殖能力，即进入成虫期。此时期除留足种虫外，多余的成虫应分批采收，经过加工后准备出售。

由于土元个体的差异，在同样的饲养管理条件下，老龄若虫进入成虫期的迟早有所不同，体质好、摄入营养充足的老龄若虫，有的一进入成虫期就可以开始产卵，而有的老龄若虫此时还没有进行最后一次蜕皮，这样往往会造成老龄若虫吃掉雌成虫所产卵荚的现象。因此，要将雌成虫及时检出，转移到另一成虫池内饲养，以减少虫卵的损失。成虫池饲养土的厚度为 15～18 厘米。

进入成虫期，土元即可开始交配繁殖，所消耗的能量比较大，因此，此时期投喂的饲料应以精饲料为主，提高豆饼、花生饼、酵母粉和桑叶等比例，可适当加喂些动物性蛋白饲料，蛋白质水平应提高到 25% 左右，但不能喂肥肉和蚕蛹。动物性蛋白饲料一般可以隔 2 天喂 1 次，同时适当搭配些青绿多汁的饲料，如南瓜、胡萝卜、蔬菜叶等粗饲料，以满足成虫的营养多样化需要。

雌雄性土元自由交配，交配一次终生受孕。一般交配 25～30 天后雌成虫开始产卵，平均每周产卵 1 粒，温度在 28～32℃时，一般 2～3 天产 1 粒卵。随着土元的不断长大，所蜕皮的次数增多，往往在饲养土上形成一层空壳，会影响对虫体吃食与活动情况的观察和饲喂，有时蜕下的皮也会带有螨虫之类的寄生虫，因此，若发现饲养土表层上有大量的虫皮要及时处理掉。另外，土元有自食其卵的习性，为了防止成虫吃掉卵荚，一般每隔 10 天应筛取 1 次卵荚，连同粪便和虫皮壳一起筛掉，并将成虫及时分池饲养。筛取卵荚的方法是：先用 2 目粗筛拣出土元成虫，再用 6 目细筛将土筛下，把细筛内的残食拣出，便可得土元卵荚。也可把筛卵荚的筛子做成套筛，套筛上层为 2 目筛，可以取出、放入；下层为 6 目筛，可以是固定的。每次筛取卵荚时，可以一次把成虫和卵荚分别筛出；过筛后先把 2 目筛取出，倒出成虫，再倒出卵荚。

若要进行孵化，可将卵荚放在垫有 10 厘米厚细土的盆里，使卵与土拌匀，盆子不要太大，每天将盆端起来颠动几次。盆中细土的湿度要掌握在 20% 左右，孵化室内的温度一般保持在 26～30℃，在温湿度适合的情况下，一般需 40 多天就能孵化出若虫。放入盆中的卵荚陆续孵出若虫后，每星期应用细筛将盆中饲养土筛 2～3 次，把小若虫筛出并投入池中饲养，未孵化的卵荚与细土混合后继续进行孵化。

对于暂时不孵化和待出售的卵荚，应进行妥善保存，待第二年开春后再进行孵化或出售。保存方法是：在盆中铺上 10 厘米厚、湿度 18% 左右的饲养土，将卵荚与饲养土混匀，放置于阴凉处保存。一般每隔 3～5 天翻动 1 次，以防止霉变、干燥或天敌入侵残杀卵荚。夏季要注意通风、降温和防霉变；冬季要注意保温，湿度控制在 15% 左右为宜。

（六）不同季节土元的饲养管理

土元属于变温动物，随着环境和温度的变化，其新陈代谢也有明显的变化，所以，在自然温度下，四季的管理是不相同的。

1. 春季管理 春天气温开始回升，当室内温度超过12℃以上时，土元便结束冬眠，开始出来活动觅食。起初出来活动的土元数量较少，随着温度逐渐升高，出来活动的愈来愈多。所以在天气晴朗、气温较高的傍晚可翻动土元窝泥，促使其提早活动和出来吃食，以利于生长发育和产卵。有冬眠的地区，在自然温度下，一般到了3月中旬土元饲养殖户就要做好开池的准备工作，把覆盖在池面上保温用的稻草或秸秆撤走，并打扫干净。特别是要把饲养土上面的发霉草屑、死虫等打扫干净。若开池晚了，土元已开始活动，有时会钻入草中，给清理增加麻烦。

土元经过长时间冬眠，体内营养物质已基本耗尽，体质都较弱，机体新陈代谢率也很低，加之体内缺水，所以，出蛰后要以投喂营养比较丰富的精饲料为主，以吃多少喂多少酌情增加为原则。投喂时精饲料最好要炒香并拌以青饲料，以增加土元的食欲。也可以把饲料配制的湿一些，或是喂完精饲料以后再撒一些青饲料，任其自由采食。一般4月下旬至5月，土元的活动、觅食便开始恢复正常形成规律，这时要把越冬前放在一起入蛰的土元分池饲养，并注意检查池底饲养土是否有害虫。

分池时要去掉一部分旧土，并换上一部分新饲养土；若发现螨虫等寄生虫，要把饲养土全部换掉，并进行灭虫处理。

换土的方法有四种：一是在春季结合分池饲养时将一部分旧的饲养土换成新鲜饲养土；二是结合筛取卵荚时，去掉表层 2 厘米左右厚的饲养土，然后添加一层新的饲养土；三是在幼龄若虫饲养到成虫后结合采收加工，去除旧土，全部换上新土；四是根据饲养池中土元病虫害的发生情况，以及饲养土的湿度情况，酌情随时更换饲养土。

一般情况下，饲养土 1 年全部更换 1 次即可。更换饲养土，清除土元的粪便、尸体、卵荚壳、饲料残渣等，减少饲养土的霉变，保持饲养土的清洁卫生，可以减少土元发病率，有利于土元生长发育和繁殖。

在我国的南方清明节前后，阴雨潮湿天气比较多，这时期一定要注意保持饲养土干燥。若空气湿度大，饲养土过湿，则要在饲养土表面放上一层干土，同时开窗通气降湿，并且少喂青绿饲料，喂精饲料要以多次少量为原则。每天早上要及时清理未吃完的饲料，并在饲料中添加以一些土霉素、四环素之类的药物，以免饲料变质发霉导致土元患病。

2. 夏季管理 夏季的温度对土元最为适宜，是土元生长旺盛，蜕皮次数最多，生长、发育、产卵最旺盛的季节。因此，在这一阶段，应多喂含汁多的瓜、菜等青绿饲料。若喂米糠等干料类，应适当加水拌湿润后喂给。

夏天有时气温很高，饲养土容易干燥，不利于土元生长发育，因此，在高温天气，除了给土元增加青绿多汁饲料外，还可在饲养土表层直接喷水，但要注意喷水不能过多，以防泥土过湿造成结块。

土元生命活动最适宜的温度为 15～30℃，在这个温度范围内，随着温度升高，土元的新陈代谢旺盛，生长发育加快，这时的温度和生长发育基本上呈线性关系。但当温度超过 30℃时，土元身体就会变得不适，进而影响其采食和生长发育；超过 35℃时，土元体内水分散失加快，常因脱水而死亡，产卵率和卵荚的质量会大大降低。因此，一定要注意温度和湿度的调节，做好降温及加大湿度的工作。室内温度最好控制在 34℃以下，空气相对湿度控制在 70%～75%。

当室内温度超过 35℃时，则要采取降温的措施，如在室内地面洒水，打开养殖室窗户通风，并在空气中喷雾水。对饲养土可以通过采用向地层注水或在饲养土表面进行喷水的方式来调节温、湿度。对于用缸和盆来进行养殖的小规模养殖户，可在缸边、盆边放置冷水瓶或冰块。通过以上的方法把室内温度控制在 34℃以下。在打开门窗通风降温的同时，要注意防止鸡、鸭、猫、鸟、壁虎、老鼠、蜘蛛、蝎子、蜈蚣等敌害进入饲养室危害土元。防止敌害进入的方法是在门窗装上纱网，到夏季要进行检查，有破损的地方应及时修理。

在夏季雨季到来时，容易出现阴雨连绵，特别是东南沿海的江浙一带更是如此，雨多、潮湿、闷热，饲料容易发霉变质，病原微生物容易滋生，极易引起土元患病。这个季节特别要注意饲养室或饲养池（坑）内不能过湿，饲养土要干燥一些，要少喂青饲料，多喂精饲料，并做到勤喂少给。每天晚上投饲后，第二天早晨一定要及时检查，看投喂的饲料是否被吃完。如果每天早晨检查饲料都被吃光，说明投饲不足，当天晚上投饲时要多投一些；如果头天晚上投喂的饲料第二天有剩余，说明投喂多了，要减量，并及时清除剩余的饲料，以防止霉变、酸败引发土元患病。同时在土元的饲料中添加一些四环素、土霉素等兽用抗生素，一方面防止饲料变质，另一方面有助于土元防病。在饲料中还可添加一些酵母粉，以利于土元的消化。

3. 秋季管理　秋天天气转凉，气温开始下降，空气湿度变小，这时土元的活动也开始慢慢减少，其生长速度开始变慢，产卵量也逐渐减少。此期的管理要注意给土元增加营养，饲料方面可适当地增加精料尤其是蛋白质饲料，尤其是在越冬前1个月，让土元在体内能够贮存足够的能量、积累养分，增强体质及抗病能力，以便能顺利越冬。

进入秋季，应增加饲养土的厚度，使饲养土厚度比夏季时厚3～6厘米。饲养室的门窗要关紧，要求没有漏风缝隙，封闭通风口，不能让冷空气直接进入室内，保持室内空气下降缓慢，使土元能在室内多生长一段时间；对于在室外饲养的，可在饲养池上盖上塑料薄膜，其上再覆1～2层草帘，白天阳光充足时把草帘揭起，让阳光射入池内，提高池内温度；晚上或阴天把草帘放下保温。如昼夜温度变化不超过 5～6℃，就可以延长土元生长期 1～1.5 个月。

　　饲养土每半个月要翻动 1 次，检查土中是否有害虫；如发现应及时消灭。此季节饲养土要求稍干一些，如果饲养土湿度偏大，可以加一些干土或冷却后的草木灰，这样可以增强土元的抗寒能力，有利于安全越冬。秋季冬眠前，要把两个池的土元合并到一个池中饲养，这样既便于管理，又有利于保温使土元安全过冬。

　　4. 冬季管理　　如不采取加温养殖土元，当 11 月下旬气温下降到 10℃以下时，土元便潜入饲养土深处开始冬眠。这期间虽然不用给土元喂食或仅少量喂食，但是还是有许多管理工作要做。

　　在冬天即将来临的时候，要对饲养池中所有的土元进行一次全面检查，对于那些没有价值的老、弱、病、残土元一定要及时清理掉，避免在进入冬眠的时候因自身防御能力差而死亡，或者在进入冬眠后由于自身的体质弱而导致死亡，以减少养殖损失。

　　在土元冬眠期间必须做好防冻保温工作。具体措施是：在饲养土上面加一层 3 厘米厚的草木灰或糠灰，即能起到保温作用。如果同时在坑池上再加一层 6 厘米厚的稻草或草帘，保温效果会更好。

　　在土元冬眠期间要不定时的检测饲养土的温、湿度，如果温度偏高（5～8℃），就应该将湿度加大一些；如果温度偏低（0℃左右），就应该将湿度降低，使饲养土偏干一些，以便于保温。在冬眠过程中，防止温度高于8℃，因为当气温高于8℃时，土元的机体能量消耗就会增加，若高温持续时间较长，则会使土元在越冬前期体内所积累的能量消耗过多，容易造成死亡。生产实践证明，土元越冬时，饲养土内的温度保持在0～4℃比较适宜。同时，还要注意防止鼠害发生。冬季天冷外面食物缺乏，老鼠最容易钻到室内觅食，一旦进入饲养室内，对土元危害极大。

在秋季土元进入冬眠以前，结合并池翻动一次饲养土，除检查虫害外，冬眠时一般不要再翻动饲养土，以免翻动饲养土时损伤虫体，特别是足肢，造成土元残疾或死亡。据生产观察，翻动过饲养土的比没翻动过饲养土的饲养池的土元死亡率要高，所以要尽量减少翻动次数。

（七）土元加温饲养管理技术

研究证明，土元的休眠是由于冬季到来温度降低、食物缺乏而被迫的。自然情况下，在秋季气温逐渐降低时，土元的新陈代谢及其活动频率逐渐减慢，到秋末冬初气温下降到12℃以下时，土元的生长发育趋于停止，以冬眠的形式将自己保护起来。如果保持适宜的温度，并给予充足的饲料营养，土元不但可以不休眠，而且能继续生长发育和繁殖，这样能使生长周期由33个月缩短到11个月左右，从而达到加速生长繁殖的目的。

1. 卵荚加温孵化　土元卵荚孵化时间随着温度的变化而变化。在空气相对湿度75%、温度30℃的条件下，土元卵荚经过 35～45 天就可以孵化出若虫；如果温度在 27～28℃，孵化时间则需要 40～60 天。在冬春气温较低的季节，若采用人工加温的方法，也能使卵荚孵化出若虫。

人工供温的方法有两种，一种是电热供温，另一种是火热供温。不管采取哪种方式供温，主要应考虑降低养殖成本。孵化时卵荚与容器壁之间要垫上饲养土加以隔离，以免容器壁与卵荚直接接触时引起卵荚温度变化，直接影响孵化率。每个孵化容器内放的卵荚不能过多，以 1～1.5 千克为宜。

温度对土元胚胎发育的快慢起决定作用，孵化温度必须缓慢上升到 30℃左右。整个孵化过程中，温度要稳定，不能忽高忽低，否则不但出卵时间不整齐，而且影响孵化率。湿度对孵化也起着重要作用，一般要求空气相对湿度保持在 75% 左右，容器垫土湿度保持在 20%～22% 为宜；同时还要注意经常翻动卵荚，使之受热均匀，以提高和保证孵化率。

在卵荚孵化过程中，要注意饲养土湿度的调节。为了不使饲养土中水分散失过快，通常在卵荚与饲养土表面覆盖一层湿纱布，并经常取下浸水后再覆盖上。

加温人工孵化在冬春两季均可以进行，以每年的 2 月上旬开始最适宜。2 月上旬开始孵化，3 月底便可全部孵出，对刚孵出的若虫要加温饲养 1 个月左右。到 5 月份气候变暖，虽然未能达到若虫生长发育所需的温度，但是这时若虫较小，饲养密度大，可少加温以节省燃料。

如果 11 月份就开始加温孵化，若虫加温饲养的时间就需要 3 个月以上，这样饲养成本就比较高。

2. 土元加温饲养　在每年的冬春季节，当自然温度满足不了土元生长发育的要求时，就可以开始进行人工加温饲养。一般从 11 月份室温低于 10℃时开始，到第 2 年 5 月份结束，由于采取了加温饲养的措施，当年 5 月份产的卵，到第二年 4 月份就可以发育成能够产卵的成虫，1 个世代周期缩短到了 11 个月。而在全国温暖的南方地区，冬眠期仅为 5 个月左右。

采用加温的方式使饲养室的温度保持在 15℃左右时即可打破土元的冬眠期，使其各项活动恢复正常；当温度达到 25℃时，土元便能完成一生中所有的生理变态。

加温饲养的饲养室要求密闭、保温。在加温方式上可以采用火炕或火炉两种方法。一般多采用燃料供温和电热供温相结合的方法，燃料炉供给基础温度，电炉保持恒温，保证养殖室温度变化不超过 1℃。燃煤炉供温系统可以在两个立体多层养殖架的中间走道上建一个砖结构的炉子，炉子出烟口连火墙，火墙末端连炉筒，由炉筒延伸通向室外。

火墙用新红砖砌成，水泥砂浆勾缝，砖外不再用其他东西涂抹。炉子内径 40 厘米、深度 50 厘米，火墙壁厚度为 6 厘米，中间做两个隔断，第一个上部留烟筒，第二个下面留烟道，让烟在火墙内呈 "S" 形流通，以延长在火墙内的逗留时间，使余热可充分利用。火墙要完全勾缝，不能让烟泄漏，否则易造成土元中毒死亡。

　　加温饲养室的温度要保持恒定，温度较高时，易产生高温高湿或高温低湿等，特别是在加热炉附近及上层饲养池的饲养土容易干燥，若不注意调节，易造成土元相互残杀，或因失水过多而死亡。因此，可在室内加热炉上放置一水壶，用水蒸气来调节室内的湿度；若湿度不够，还可在室内进行喷雾或是在饲养土上喷水增湿。喷水应少量多次，避免饲养土板结。离加热炉较远和底层的饲养池层，因温度较低，饲养土中水分易沿池壁结成水滴而下流，出现过湿的现象，可用较干的饲养土取代。若喷水调节后上层饲养土湿润，而下层饲养土还很干，仍不能达到土元所需要的正常湿度，可连续喷水2～3次（图3-14）。

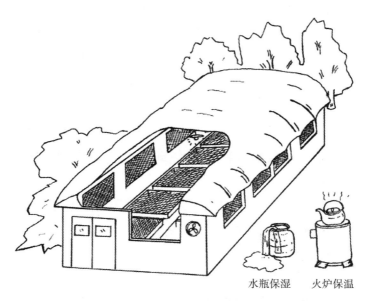

水瓶保湿　火炉保温

图3-14　加温无休眠饲养法示意图

为使养殖室温度恒定，最好配 1 套自动控制设备和电炉，即：装 1 个自动控温器，连接 2 个 2 000 瓦的电炉子，把自动控温调到 32℃，从而使室内温度始终保持在 25～32℃。分层饲养的，要注意上下层之间的温度差异，可以将饲养用的容器过一段时间上下调动 1 次，以使上下层的温度一致，以免因上下层温度差异引起发育不一致。

若本地有地热资源，可用循环式水暖加温法加温，这样成本会更低。

在采取加温方法饲养土元时，还要注意室内通风。一般情况下，加温养殖室很密闭，外界空气难以进入，空气不畅通，而室内火炉燃烧又消耗大量的氧气，时间一长，就会造成缺氧，导致土元慢性缺氧而发生死亡。因此，要定期打开门窗通风换气，每次通风 5 分钟。也可以安装排风扇进行抽风换气，还可以在加热炉进气口对面的墙上打一孔洞，用较粗的毛竹将中间节打通，插入墙上的孔洞内，作为加热炉的进气专用口。墙外的竹口端用铁纱网蒙上绑好，以防天敌进入；室内的竹口不用时用纸团或棉絮等物体塞住即可。这样即可以随意调节空气的流动。

总的来讲，通过加温（25～32℃）养殖土元，室内空气相对湿度要控制在 75%～80%；饲养土的含水量应根据各龄虫体的要求而定，一般成虫较湿一些，可控制在 20%；幼龄虫可低一些，应控制在 15%～18%。再把饲养室内的光线控制得比较暗一些，使土元随时都可以取食，其正常的生长发育就不会受到影响。

生产实践证明，加温饲养生长发育起来的雌性土元寿命缩短，体质弱，容易患病，产卵量受到影响，卵的孵化率也偏低。所以，用于繁殖的土元应以自然温度下饲养为好，而药用虫和饲料用虫均可用加温法饲养，以使其快速生长。

第四章
土元病害与敌害防治

土元的生命力较强，在一般情况下很少生病，目前，尚未发现流行性传染病。常见病害主要是由于管理不当和环境卫生条件太差所引起。由于土元个体小、养殖密度大，诊断和治疗较为困难，一旦发病，损失严重，因此一定要加强防范，减少疾病的发生，把损失降到最低。

一、土元常见疾病预防措施

（一）土元疾病发生因素

土元疾病的发生主要由三种因素相互作用而引起，即生态环境、病原微生物和土元的机体状况。

1. 生态环境　土元对外界环境的变化比较敏感，当受到惊吓、捕捉、运输、温湿度突然变化及特殊气味等因素刺激时，容易诱发机体产生应激反应，导致机体抵抗力下降而患病，尤其是剧烈的震动或声响、刺激性气味、外界温湿度的变化等，都是导致土元疾病发生的主要生态因子。尽管应激在本质上是机体产生的一种生理性的防御反应，是对有害刺激的一种防御，但是若反应过强，便会对机体造成损害，严重时致使机体抵抗力下降，病原便乘虚而入，导致疾病发生，甚至引发死亡。

2. 病原微生物　土元的病害大多数是因病原微生物侵入而引起的。病原微生物主要有细菌类、真菌类和病毒类等，它们所引起的病害称为传染病，具有传染性，既可由土元个体之间直接接触传染，又可通过人、畜、昆虫、饲料、饮水和用具等间接传染。因此，传染病传播快，不易根绝，其危害性最大。另外，还有一些寄生虫病害，又称侵袭病，系由动物体内外寄生虫的存在引起，具有流行性。主要病原为原虫、蠕虫和昆虫等，其危害面广，影响也较大。

病原微生物的存在不一定就会引起土元发生传染病，必须具备一定的条件时才会引发疾病。病原微生物（病原体）有足够的数量，通过各种传播途径（如污染的食物、空气和饮水等）进入土元体内，且土元机体抵抗力降低的时候，对病原体敏感的土元才有可能引发病害。

3. 土元机体状况　单纯的环境不适或存在许多病原微生物，不一定会导致土元发病，只有当环境条件差，土元机体不适应，抗病能力下降的时候，病原微生物才会乘虚而入，导致土元发病。因而土元抗病能力的强弱直接关系着是否发病。

土元机体抵抗力能力可以通过许多途径来提高，如定向培育，或者利用杂交优势，避免长期近亲交配繁殖。也可以从加强饲养管理入手，给土元创造一个良好的生态环境，供给营养全面丰富的饲料，增强体质等，以提高土元的抗病能力，从而减少疾病的发生和传播。

（二）土元养殖场卫生防疫

土元在自然条件下生命力较强，不像一般畜禽那样容易发生传染病而造成大批死亡，但是，在高密度饲养条件下，因为土元的活动范围缩小、生长速度增快等原因，病虫害更容易在土元群体中流行，严重者会造成大批死亡。因此，土元养殖场必须建立一套以预防为主的卫生防疫制度，并严格执行，以保证土元健康生长、发育和繁殖。

1. 养殖场卫生 土元养殖场的环境卫生工作直接影响土元的机体健康和生长繁殖，因此，必须注意加强卫生管理工作。

（1）环境卫生 除了搞好土元养殖场周边的环境卫生外，对于饲养室内堆放的杂物、土元粪便、食物残屑，以及死亡的土元和蜕掉的皮等，都应及时加以清除，做到不留污物、残渣，保持室内清洁干净，以免饲养室（池）内病原滋生，引起疾病发生和蔓延（图4-1）。一般情况下，谢绝外人参观和进入养殖场。

（2）食物卫生 主要是指土元的饲料和饮水卫生。土元的饲料主要有两个来源，一是人工配制的配合饲料

养殖池
饲养土

图 4-1 饲养室（池）经常清洗消毒

和蔬菜类，另一是人工饲养的动物性饲料。尤其是人工饲养的动物饲料，饲料卫生需要从饲料动物培育时就要抓紧、抓好。绝对不能投喂变质的、腐败的食物，以免引起传染病发生。饮水要清洁、卫生，不能饮用放置多日的陈水、死水，更不能饮污水、脏水。

2. 养殖场消毒

（1）**环境消毒** 养殖场区应定期清除杂草、垃圾，环境打扫完毕，用 0.02%～0.04% 福尔马林溶液或 2%～3% 氢氧化钠（烧碱）热溶液进行喷洒消毒。

（2）**日光照射** 日光中的紫外线能杀灭细菌和病毒，具有很好的消毒作用。饲养室内的设备和工具，凡是能搬动，都必须定期搬出放到阳光下暴晒消毒（图 4-2）。

（3）**化学药品消毒** 常用的化学药品消毒剂主要有漂白粉、福尔马林（40% 甲醛）、高锰酸钾、来苏儿、新洁尔灭、百毒杀（溴化二甲基羟铵）、石灰乳、铜制剂等。

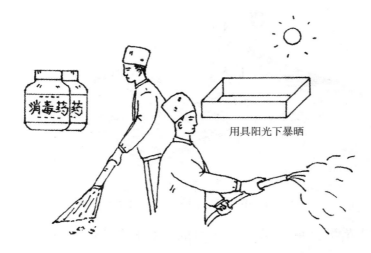

用具阳光下暴晒

图 4-2　养殖场常用消毒方法

①空间消毒　每立方米空间用 1% 漂白粉 10～30 毫升、10% 百毒杀 600～1 000 倍液喷雾。

②地面、墙壁和养殖池消毒　10%～20% 石灰乳可用于涂刷养殖室墙壁和养殖池消毒；1%～2% 福尔马林溶液可用于墙壁、屋顶、池壁喷雾消毒；3%～4% 来苏儿溶液可用于地面、墙壁、养殖池消毒；1% 新洁尔灭溶液对池壁进行喷洒消毒，干燥后即可投入使用。

③用具消毒　0.1%～0.2% 硫酸铜或氯化铜溶液可杀灭真菌，0.01% 硫酸铜或氯化铜溶液可杀灭细菌，可以对非金属用具浸泡消毒，0.01%～0.02% 高锰酸钾溶液可以对养殖用具和器皿进行浸泡消毒。

3. 灭虫处理　危害土元的害虫很多，常在室内生存的主要有蚂蚁、蜘蛛、鼠妇、蟑螂、螨虫等，因此，养殖室和养殖池在使用前都必须进行彻底消毒，从源头上消灭害虫，净化养殖环境，保证土元安全生长繁殖。

（1）**喷雾灭虫**　一般应选择残效期短的药物进行喷雾灭虫，如用80%敌敌畏乳油稀释1 000倍，对墙壁、地面、屋顶和养殖池全面喷洒，可以杀灭所有的害虫；对寄生螨可使用9.5%喹螨醚乳油3 000～4 000倍液、10%四螨嗪（对成螨无效）可湿性粉剂800～1 000倍液、73%克螨特乳油2 000～3 000倍液全面喷雾。喷雾时要特别注意室内角落和一些缝隙，不能留死角，喷雾后要关闭好门窗，3天后再打开窗子换气，确认对土元无害后才能使用。

（2）**熏蒸灭虫**　该法具有效果好、彻底、无死角等优点。在使用时要求杀虫空间密封效果要好，并防止周围人群、畜禽、其他动物的中毒。常用的熏蒸灭虫方法有磷化氢气体熏蒸和80%敌敌畏乳油熏蒸两种方法。

①磷化氢气体熏蒸　按照每立方米空间选择磷化铝片3～4片，密闭熏蒸3天，3天后打开门窗进行通风换气，5～6天后待残留气体毒气散尽后方可使用。磷化氢气体有毒，使用时必须注意安全。

②敌敌畏乳油熏蒸　按照每立方米室内空间用80%敌敌畏乳油药液0.26克，用布条浸蘸上药液，挂在养殖室内，密闭养殖室2天后，再打开门窗通风换气，3～5天后室内无敌敌畏气味方可投入使用。

二、土元病虫害防治

土元的病害主要包括由饲养管理不当造成的生理性疾病；由细菌、真菌或病毒感染引起的传染性疾病；由线虫、寄生螨等感染引起的寄生虫性疾病。及早发现和正确诊治疾病。

（一）腹 胀 病

该病又称大肚子病、肠胃病、鼓胀病，是早春及晚秋时节土元容易发生的一种消化系统疾病，是由于饲养管理不良引起的消化生理机能障碍导致的一种普通病，属于生理性病害。其包括消化不良和胃肠细菌感染。这两种病可单独发生，但生产上往往共同发生。

【病　因】　该病主要是由于饲养土过湿、饲料含水分或脂肪过多等原因，致使土元消化不良而发病。常发生在土元刚刚复苏开始活动觅食的春季和梅雨季节。进入春季后，气温逐渐回升，土元从漫长的冬眠中苏醒，开始活动觅食。但此时气温不够稳定，忽冷忽热。在气温升高时，土元因冬眠饥饿会贪吃暴食，若青绿多汁饲料配比过多，土元则会采食过多的青绿多汁饲料，造成消化道生理功能失调，引起消化不良。在梅雨季节，由于湿气较大，饲料容易腐败发霉变质，土元食入后也容易引发此病。

【症　状】　患病土元表现消化力下降，食欲减退或停食，因食物停滞于消化道内发酵产气，致使腹部胀大，背部发光发亮，行动缓慢、呆滞，腹部间膜不能收缩，体内充满乳白色液体，而且难以蜕皮。粪便时硬时稀，时多时少，稀粪便呈绿色或酱色，久病土元体表面的光泽消失，用手挤压其腹部容易破裂，并有黄色脓水流出，生长较慢，不交配也不产卵，孕土元体内胚胎发育终止，如治疗不及时，最后将导致死亡。

【防治措施】

（1）加强饲养管理，搞好预防。在春秋气温不高、阴雨连绵、湿度较大的时期，要适当调节饲养土的湿度。一般 1～3 龄若虫饲养土的湿度调节在 19% 左右，其余各龄期虫的饲养土湿度调节在 12% 左右，或更换新的饲养土。

（2）饲料粗细搭配，营养全面，避免长时间投喂单一饲料，而且要定时定量投喂，切忌不按时投喂。为预防该病发生，可于精饲料中添加一些抗菌药物，如土霉素，按饲料量的 0.02% 添加，或磺胺类药物，按 0.03% 添加。

（3）发现患病土元，应立即拣出，停止供食，并采取下列措施：一是打开养殖室门窗进行通风换气，以降低养殖土湿度。然后用酵母片、大黄苏打片研磨后溶于水，配成 35% 左右的药液，加少许碘盐，喷雾在土元身上，同时给养殖室加温，促使土元活动，以增强其消化功能。二是取出池内表层饲养土，更换新土。三是停喂青绿多汁饲草料，改喂粗饲料。四是药物治疗。对有细菌感染的土元，可按每 0.5 千克饲料中添加新霉素粉 4 克、酵母片 6 片（研末）的比例搅拌均匀，或 1 千克饲

料中添加 0.05 克土霉素，连续投喂 3～4 次；对于暴食脂肪性饲料引起疾病的病虫，可在饲料中加胃蛋白酶 10 片，研碎后拌于 0.5 千克精料中投喂，连续投喂 3～4 次。

（二）便 秘 病

该病是由于土元肛门堵塞，粪便排泄受阻而致的一种生理性疾病。

【病　因】　由于土元饲料质量不好或体内缺乏水分，导致粪便干硬不下而堵塞与于肛门或后端肠管，引发土元便秘病。

【症　状】　土元食欲减退，活动和反应呆滞，功能失调。仔细观察后腹部会发现其颜色逐渐由深变浅，至呈灰白色，且白色范围越来越向前腹部方向发展，当扩展到腹部 1～2 节时，便会发生死亡。土元肠道系统受阻，肠道内集聚许多粪便，靠近肛门的粪便干燥，堵塞肛门，土元虽有排便动作，但排不出粪便。阻塞的前部粪便多呈稀软状，充满整个肠管，甚至引起土元腹胀。粪便即使排出，多呈白色。体壁白中泛黄。

【防治措施】

（1）保证饮水供应充足，饲料中要保持足够的水分，多饲喂青绿多汁的饲料。

（2）对发生便秘的土元，可采用药物喷雾的方法治疗：将大黄苏打片 2 片研磨后溶于少量酒中，然后加水至 1 000 毫升，混匀后用喷雾器喷洒养殖池和土元体表，每日喷 1～2 次，喷雾时以达土元身体湿润即可。

（三）胃壁溃烂病

土元胃壁溃烂病又称真菌性肠炎。主要是由于饲养环境湿度过大，饲喂的食物霉烂变质，长期喂食单一精饲料，或动物性饲料饲喂比例过大等引发，多见于成虫。

【病　因】 该病多因喂食不当而引起。如长期喂精饲料，或精饲料中动物性饲料比例偏大，又缺乏或根本不喂青绿多汁饲料；或投饲过多，剩食未及时清出发霉变质，被土元取食而引起发病。

【症　状】 土元体腹下部腹板中段有黄色、黑色斑点，用手挤压易破，胃内积食，胃壁粘连节间膜，不采食，行动缓慢。生长较慢或停止生长，不交配，不产卵。严重时节间膜溃破，流出臭液。由于胃内积食，长期不能消化，不再进食而导致死亡。

【防治措施】

（1）发现土元患病，应及时打开饲养室的门窗进行通风换气，并及时更换潮湿的饲养土。

（2）暂时停喂动物性饲料，改变单一喂精饲料，加喂青绿多汁饲料，做到精、青饲料合理搭配。并注意保持饲料新鲜卫生，投饲量要根据吃食情况而定，避免剩食，如有剩食要及时清理，以防饲料发生霉败变质。

（3）对发病的土元群，按每千克饲料中加入酵母20片，研碎后拌入饲料，同时再加入0.04%土霉素粉和0.05%复合维生素B粉；或在饲料中添加食母生，每10

千克虫体用药8片，用2%食盐水将饲料搅拌均匀，可缓解病情、减轻症状。

（四）斑 霉 病

该病又称真菌病，是一种季节性很强的疾病，一般多集中在高温季节发生，且往往大面积感染。患病初期病土元表现极度不安，往高处或干燥处爬，食欲大大降低，严重影响土元的正常生长。

【病　因】 土元饲养池长期潮湿（湿度大于20%以上），且气温较高的环境下真菌大量繁殖，随着呼吸道和消化道侵入土元体内，感染主要内脏器官，引起功能障碍，甚至发生内脏器官的病变。

【症　状】 土元患病初期表现极度不安，喜欢往高处或干燥处爬，食欲大大降低，行动呆滞，接着后腹部不能蜷曲，肌肉松弛，全身变柔软，体色光泽消退。严重时身体出现黄褐色或红褐色的小点状霉斑，大小不一。活动减少，行动呆滞，负趋光性不明显，停止觅食，几天后衰竭死亡。剖检死亡的病土元可发现尸体内充满绿色丝状体集结而成的菌块，是菌丝消耗土元体内营养长成菌丝体所致。

【防治措施】

（1）定期对饲养池及饲养室地面、墙壁、用具进行消毒，同时注意调节环境及饲养土的湿度，保证土壤湿度在10%～15%，湿度偏低时可用百毒杀600倍稀释液喷洒消毒。

（2）对死亡或变色的饲料虫要及时清理，发现病死土元尽快拣出无害处理，防止饲料发生霉变。

（3）对患病土元可用土霉素1片（0.25毫克/片）、酵母片1～5片，加水400毫升，溶解后用镊子或筷子夹住土元的后腹部，强制其饮水，每日2次，2天可逐渐恢复正常。

（4）当环境偏干燥时，可用百毒杀600倍稀释液或按每千克水用0.125克灰黄霉素（先用酒精溶解后配成0.5%水溶液）进行喷雾（可喷到土元体上）。

（五）黑 腐 病

该病又称体腐病，是因土元摄入腐败饲料、污秽饮水或误食黑腐病饲料虫而引起的一种以身体腐烂为特征的疾病。该病一般一年四季均可发生，病程短，死亡率高。

【病　因】　当土元食入腐败发霉等变质饲料或腐败变质的饲料昆虫，或饮用污秽不洁的饮水，或食入了病死土元尸体后，都会导致黑腐病的发生。

【症　状】　早期病虫前腹呈黑色，腹部膨胀，活动减少，食欲不振甚至不食，继而前腹部出现黑色腐败性溃疡性病灶，用手轻轻挤压腹部，会有黑色污秽液体流出。病虫多在病灶形成后不久即死亡，死后虫体松弛，发生组织液化。该病病程较短，死亡率很高。

【防治措施】

（1）本病没有特效治疗药物，只有以预防为主，综合防治。平时要保证饲料和饲料虫新鲜可口，饮用水保持清洁，定期消毒，同时注意调节环境湿度，保证土壤湿度在 10%～15%，湿度偏低时可用百毒杀 600 倍液喷洒消毒；当环境偏干燥时，按每千克水用 0.125 克灰黄霉素（先用酒精溶解后配成 0.5% 水溶液）或百毒杀 600 倍液喷雾（可喷到土元体上）。及时清除饲养池中饲料昆虫的残骸和死亡或变色的饲料虫。定期投药进行预防，一般先停止给土元喂食 2～3 天，然后再投喂伴有少量药物的新鲜饲料虫；已驯化采食配合饲料的土元，可以将药物拌在饲料内直接投喂，如大黄苏打片 0.5 克、土霉素 0.1 克、配合饲料 100 克，拌匀投喂；或小苏打片 0.5 克、中效或长效磺胺 0.1 克、配合饲料 500 克，拌匀投喂；或复合维生素 1 克、红霉素 0.5 克、配合饲料 100 克，拌匀投喂。

（2）发现死亡土元及时拣出，并对饲养池进行全面喷雾消毒，可用 0.3% 高锰酸钾溶液或 1%～2% 福尔马林溶液或百毒杀 600 倍液对地板、墙壁、饲养池进行喷雾消毒。对患病土元，可取土霉素（0.25 毫克/片）1 片、酵母片 3～5 片，加水 400 毫升，溶解后用镊子或筷子夹住土元的后腹部，强制其饮水，每日 2 次，可减缓症状，降低死亡率。

（六）绿 霉 病

本病又称体腐病、软瘪病，多发生在高温高湿的梅雨季节，是一种对土元危害性较大的主要传染病。

【病　因】　在高温高湿的梅雨季节，饲养池内温湿度过高，放养密度大，吃剩的饲料没有及时清理而发生霉变，或者饲料和饮水渗入到饲养土中，导致发生霉烂而造成污染，致使真菌大量繁殖，从而使土元感染发病。

【症　状】 感染绿霉病后，土元主要表现机体无光泽，腹部出现暗绿色霉状物，有斑点，体瘦干瘪，足收缩，行动缓慢，触角下垂，全身瘫软，生活规律异常，白天不愿潜伏土壤中，夜间也不出来觅食；病情严重的土元常在饲养土表面挣扎，2～3天即死于饲养土表面。

【防治措施】

（1）在梅雨季节到来时，要及时检查饲养土的干湿度，使饲养土的湿度保持在15%左右，以"捏之成团，松手即散"的程度为宜。

（2）发现感染的土元及时拣出处理，同时用1%～2%福尔马林溶液喷洒池壁及病土元身体进行消毒。对被绿霉菌污染的饲养土进行清除，更换新的饲养土，并分池饲养，同时降低土元的密度。

（3）平时饲喂的饲料不宜拌得太湿，尽量少喂青绿多汁饲料，及时清除剩料，饲料盘在喂之前要清洗干净或进行消毒，饲喂后要及时处理被土元带出饲养土的食物残渣及食盘。

（4）发病后可用1：5的漂白粉水或0.1%来苏儿溶液对饲养池全面喷洒消毒，并在饲料中加入四环素、土霉素等抗生素药物，按每0.25千克饲料、药1片（0.25毫克/片，研末）的比例搅拌均匀，连续投喂3～4次；也可在10千克精料（麸皮、玉米粉）中加入1克土霉素或小苏打，搅拌均匀后饲喂土元，直到痊愈为止。

（七）萎 缩 病

土元萎缩病又称湿热病，是一种生理性疾病。通常发生在7～9月份的高温季节，各龄期的土元虫均会发生。

【病　因】　在每年7～9月份的高温季节，由于天气闷热、饲养土干燥、饲养密度过大、饲料含水量低，致使土元身体缺水或营养不良而发病。

【症　状】　患病土元体表蜡黄无光泽，腹面暗绿色，有斑点，足收缩，触角下垂，全身柔软无力，行动迟缓，不愿取食，胸部背面虽能形成蜕裂线，但蜕皮困难，多伏在饲养土表土层内，较少蠕动或不蠕动，逐渐消瘦，直至萎缩成团而死亡。

【防治措施】

（1）在高温天气时，打开门窗，给地面、空中喷水以降温，并将密度稍大的饲养池土元进行适当分池饲养，以减少因土元过多拥挤产生的热量。

（2）在高温季节，饲养土的湿度应比春季、初夏和冬季适量大些，若饲养土干燥，老龄池和成虫池可喷水调节，待水分下渗湿润后，把池里的结块饲养土搓碎，再连喷2～3次水后即可达到饲养土上下湿润。幼龄若虫池要把饲养土筛出来，调节好湿度后，再放入池中。

（3）饲料的营养成分要全面均匀，投喂的饲料要拌得稍湿些，精、青饲料合理搭配，青绿多汁饲料比例应相对高些，精饲料要用2%浓度的盐水拌成与饲养土一样的湿度，拌匀饲喂。

（4）已经患病的土元要将其筛选出来，用2%食盐水喷湿虫体，病情可很快得到缓解。

（八）卵荚曲霉病

该病又称卵荚白僵病、卵荚霉腐病，是由白僵菌感染卵荚引起的一种霉菌性疾病。该病常发生于土元养殖过程中。

【病　因】　由于储存器、孵化器消毒杀菌不彻底，或孵化器内高温高湿，致使大量白僵菌繁殖，使得在存放和孵化期间的卵荚受伤或者感染，最后发生霉变。

【症　状】　发霉卵荚内的卵粒常发出腥臭味，流出白色的液体。在放大镜下观察卵荚锯齿口上长出许多白色的霉丝，且与饲养土凝结成块粒。感染霉腐病的卵荚孵化率降低，且孵化出来的若虫死亡率也较高。

【防治措施】

（1）将存放卵荚和孵化卵荚的器皿进行消毒杀菌，并用经暴晒或蒸汽消毒后的壤土配制孵化土。

（2）在高温或是湿度较大的梅雨季节，保持孵化土的湿度在20%左右。卵荚最好5～7天筛收1次，去掉杂物后，清洗、阴干，再用3%漂白粉1份加石灰粉9份混合，用纱布包好，弹撒在卵荚上。半小时后，用筛子筛掉药粉，然后存放或进行孵化。

（3）当有若虫孵出时，每隔2～3天筛取1次，把若虫放入初孵若虫饲养池内，少量喂食，以免饲料过剩而发生霉烂变质，污染饲养土。

（九）线 虫 病

该病是由线虫寄生在土元卵荚及肠道内引起的一种寄生虫病，是土元较普遍的一种病害。寄生在卵荚内的线虫成虫细长、半透明，长度不到 0.1 厘米；在显微镜下观察其卵无色透明，内含卵黄或若虫。寄生在土元肠道内的线虫，成虫似白丝状，长 0.2 厘米左右，乳白色半透明，肉眼可见；在显微镜下观察其卵呈淡黄色半透明，内有 1～2 个卵黄。

【病　因】　寄生在土元肠道内的线虫卵随粪便排入饲养土中，并在潮湿的环境中生长发育为成虫并产卵，当土元采食了带线虫卵的饲养土或附有线虫的饲料而发病。如果土元肠道内寄生 30 条以上线虫，就会有致命的危险。

【症　状】　感染线虫病的卵荚常发霉腐烂，成豆腐乳状，长出霉菌，并发出臭味；肠道内有线虫寄生的土元，机体消瘦，早衰，行动迟缓，腹泻，腹部发白，常口吐腹水，产卵量减少或停止产卵，甚至死亡。

【防治措施】

（1）找出病虫及感染的卵荚，将患线虫致死的虫体及卵荚进行烧毁，不可再加工作为药材出售。

（2）将青绿多汁饲料进行清洗和消毒后，用生理盐水拌匀饲料再投喂土元。

（3）发病饲养池立即更换新的饲养土，并对饲养池进行消毒、杀虫处理。饲养土要经过灭菌杀虫处理，备用的饲养土要存放卫生，并保持干燥。

（十）螨 虫 病

螨虫是土元体表常见的寄生虫，也是土元主要的天敌之一。螨虫个体极小，只有针尖大小，但繁殖很快，可寄生于土元身体的各部位，以吸食土元体液为生，轻者可使土元消瘦，重者导致大量死亡，各龄期土元都可发生。

【病　因】　夏、秋季节米糠、麦麸中容易滋生螨虫，土元饲养缸、池内的螨一般都是由米糠等饲料传入，也可能由饲养土未经消毒或消毒不严带入。螨类繁殖快、数量多，对土元危害较大。一般螨寄生于土元的头背、腹、腿根部等处，妨碍土元的生长发育，使机体逐渐瘦弱，降低繁殖率，往往造成大批死亡。

【症　状】　患病土元行动迟缓，机体瘦弱，饲养土及体表各部位有少数白色或淡棕色的小点状爬行物。在放大镜下观察，爬行物呈椭圆状，体长1毫米左右，体表布满短绒毛，前部有螯肢1对。

【防治措施】

（1）病害初发时，可将剩余饲料连同饲养土表层刮出深约30厘米，以清除螨虫。也可利用土元昼伏夜出的习性，白天在饲料盘上放上炒熟的糠麸、豆粉或煮熟的咸肉、骨头、鱼等诱饵，引诱螨虫出来取食，2小时后收集诱饵进行杀灭处理（如用开水将螨虫烫死）。如此连续几次，可减轻螨虫病害。

（2）如果螨虫在饲养池中已大规模繁衍，造成危害，需及时更换全部的饲养土。可先将土元从饲养土中筛出，移入装有干燥细沙的容器中，让土元在沙中爬行半小时，擦掉寄生在体表的螨虫，同时用柴草烧烤养殖池壁，以烧死池内残留的螨虫，然后换入无螨虫的新饲养土。更换饲养土后一个半月内如又发现幼螨，可用0.25%三氯杀螨砜液喷雾在精饲料上饲喂，连喂几次。也可以先将养殖池内土元筛出，然后把0.25%三氯杀螨砜液拌入饲养池土中；每立方米饲养土用三氯杀螨砜50克，可以杀死土中的幼螨和卵。用药前应先进行试验，掌握用药技术，确认对土元无害后再大范围使用。

（3）生产上还应采取积极的预防措施，尽量改池养为立体盆养，因为池养土元发生螨虫病害后不易隔离扑灭。养殖室要通风、透光。对饲养场所定期用灭螨灵等药物消毒，消灭环境中的螨虫。严格把好饲料关，以防饲料、饲养土带螨，尽量用新鲜饲料。使用糠麸等饲料前最好先微火炒熟，既能杀死其中的螨虫，炒香的饲料还能刺激土元食欲。饲养土在使用前应暴晒并消毒，取生石灰1份、硫黄2份、水14份，混合煮1小时，用其滤液均匀喷洒饲养土上，1周后将饲养土放入饲养池。以后最好每隔20～30天更换1次饲养土，长期保持饲养土清洁、干爽、疏松，但不要过湿。

（4）寄生螨常常把卵产在卵荚上，对卵荚进行清洗、消毒，也是消灭寄生螨的重要环节。卵荚产出后，可用大盆装上水，水温与气温接近，然后把装有卵荚的6目筛置于水中轻轻漂动，洗去卵荚上的泥土和虫卵，晾干后再用 1∶5 000 的高锰酸钾溶液浸泡 1 分钟，取出、晾干后贮存或进行孵化。

三、土元敌害防控

土元的敌害有老鼠、蚂蚁、家禽、蟑螂、粉螨、蜘蛛等，以老鼠、蚂蚁危害最大。

（一）蚂　蚁

蚂蚁无处不在，土元饲养池里也难免，一个细小的洞孔，它就能爬进饲养池内。饲养池内土元尸体发出的特殊臭味和投喂的饲料发出的香味，只要蚂蚁一嗅到，就会大量进入饲养池。

【危　害】　蚂蚁进入饲养池内，会先咬土元，并注入毒液把土元麻醉，然后把麻醉不动的土元拖走，或就地噬食麻醉致死的土元。特别是对若虫及正在蜕皮和刚蜕完皮活动微弱的中、老龄若虫进行侵害，两只蚂蚁就能拖走一只小土元。蚂蚁还爱食刚产出的土元卵荚。因此善于集体行动的蚂蚁一旦进入饲养池将会造成很大的损失，危害极大。

【防控方法】

（1）在建造饲养池时，应把室内地面进行硬化处理，池内的四周用玻璃或是透明胶粘贴，不留缝隙，以防蚂蚁进入饲养池，同时还能防止土元逃出。平时要经常检查室内的墙壁、门缝，如有洞、缝，应及时堵塞。

（2）按蚂蚁的爬行线路寻找蚁穴，然后用开水或肥皂水或六六六粉灌入穴中，将其杀灭。也可用石灰或氯丹粉拌湿土，在饲养池周围撒上一圈，使蚂蚁不敢入侵。药效一般为3～4周，防止将药物撒入饲养池内，以免误杀土元。也可以将"蟑蚁净"放置在蚂蚁出没的地方，此药是慢性药，蚂蚁会把此药拖入洞穴，2～3天后即可将一窝蚂蚁全部杀死。但应防止土元误食。

（3）根据蚂蚁喜甜味和肉食的习性，在饲料板上涂抹糖液，放置肉类，进行诱集蚂蚁，然后杀灭。当饲养土内有大量的蚂蚁或无法清除时，则应更换饲养土以彻底清除蚂蚁。

（4）沿饲养室外周挖一深约50厘米、宽约70厘米的水沟，沟内注满水，对室外的蚂蚁、蜈蚣及老鼠等能起到隔绝的作用（图4-3）。

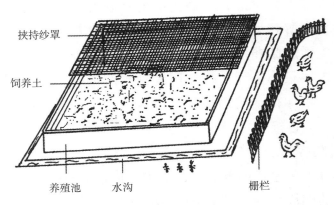

图4-3　防止敌害

（二）老　鼠

老鼠既能爬高，还会打洞，可以说无孔不入，让人防不胜防，一旦潜入养殖池，对土元养殖危害较大。

【危　害】　如果老鼠进入土元养殖房，它不仅采食饲养土上面的土元，还会吃掉饲养土内的土元若虫和大量卵荚。尤其是在冬季其他食物比较少的情况下，还会打洞潜入养殖室寻找食物，一旦进入土元养殖池，连吃带咬，造成巨大损失，所以一定要做好预防工作。

【防控方法】

（1）经常打扫垃圾等杂物，消除老鼠的藏身之地；饲养室池内地面用三合土夯实，并打水泥地板或铺砖，以防老鼠打洞进入养殖池内。

（2）土元进入冬季休眠后，应经常检查门窗是否严密，发现老鼠和老鼠洞，要及时捕捉，并且把洞用水泥封堵上，在老鼠经常出入的地方安放鼠夹、捕鼠笼、电子捕鼠器等诱捕老鼠。为了土元的安全，在捕鼠过程中不要用农药、气体药灭鼠，以免土元中毒死亡。

（三）壁　虎

壁虎又名守宫，因其趾端有共同的盘状趾垫，能攀爬润滑的墙壁、玻璃等，其行动矫捷，擅长钻缝，具有昼伏夜出习性，不易被人们发现。

【危　害】　壁虎对土元危害严重，尤其对幼龄土元危害严重，一次即可吞食十几只，应注意预防。

【防控方法】

（1）封闭养殖室门窗，不留任何裂缝，可钉上纱窗，养殖池或土元池上加盖塑料纱罩，防止壁虎进入。

（2）清除养殖池周围的堆积物，不让壁虎有藏身之处。

（3）经常检查室内墙壁，发现孔洞及时堵塞。夜晚用手电筒进行检查，发现壁虎，及时捕杀。

（四）鸟雀和鸡

鸟雀和鸡都是土元的天敌，土元一旦遇到鸟雀和鸡等禽类，存活的机会很小，所以，一定要做好防范工作。

【危　害】　土元一般多夜间出来活动，但在人工养殖饲养密度大的情况下，白天也有爬到墙上的。养殖室如果不密闭或进出不关门，鸟雀和鸡等就可能窜进养殖室内饱餐一顿，尤其是麻雀对幼龄土元危害严重。

【防控方法】　为了防止鸟雀和鸡等对土元的危害，要堵严养殖房檐、墙壁、门缝及漏洞，出入要关门，养殖池上面必须加上盖子或纱网，养鸡必须圈养或采取相应措施阻止其进入养殖室，切忌鸡、土元混养在一个房院内（图4-4）。

图 4-4 防御天敌措施

（五）鼠 妇

鼠妇又叫草鞋虫和潮虫。其栖息环境与土元相似，繁殖率也很高，成虫一次能产卵十几到几十粒。在高温的夏季，鼠妇卵 1 周左右便可孵化出来，在春、秋两季的气候条件下十几天也能孵化出若虫（图 4-5）。

图 4-5 鼠妇

【危　害】　鼠妇会与土元争夺生存环境和争夺饲料。自然界中鼠妇大量存在的地方，土元就少或者根本没有。同时鼠妇还会侵害刚孵出的若虫和处于半休眠状态的蜕皮若虫。

【防控方法】

（1）**更换饲养土**　如果饲养土中存有大量鼠妇，可将土元先筛出，然后把被鼠妇占据的饲养土与鼠妇一同清除干净。

（2）**药物防治**　取敌百虫粉 1 份，加水 200 份，待溶解后，加入适量面粉，调成糊状，用毛刷蘸取，在养殖池内壁四周的上方涂一横带，鼠妇食后不久即可中毒死亡，连用数次；或用上述药糊按上述方法在养殖池壁外四周涂以横带，防治鼠妇入内。

（六）蜘　蛛

【危　害】　蜘蛛的繁殖能力很强，当侵入饲养室后，若不及时清除，会在室内各个角落拉上许多蜘蛛网，对会飞的雄性土元危害较大，蛛网常把雄性土元粘住而被蜘蛛吃掉。

【防控方法】

（1）搞好养殖室内的日常清洁卫生，及时将进入养殖室内的蜘蛛杀死，并清理干净。

（2）药物防治用 40% 三氯杀螨醇乳油 1 000 倍稀释液喷洒饲养室房顶及各个角落，1 个月喷洒 2 次，基本能将蜘蛛全部清除。

第五章
土元的采收、运输、加工与贮藏

一、土元的采收

（一）采收最佳时间

每年的 9～10 月份是采收加工土元的最佳时间，此时采收最为经济。因为这期间是土元的发育繁殖旺盛期，雌性土元身体最重；而雄性土元的采收可在去雄留种时进行，把早期雄性土元拣出入药，可以节约饲料，增加收入。各地可根据当地的气候以及土元各虫态的生长发育情况，灵活掌握最佳采收时间。

1. 雄性成虫采收　雄性土元的采收时间应在其羽化前进行，因羽化后的雄性土元长出翅膀便失去了药用价值。1 只雄性成虫能与 8～10 只雌性成虫交配，因此，整个种群中留足 15% 左右的雄性土元即能满足雌性土元交配繁殖的需要，其余的雄性土元在 7～8 龄时，翅膀还没有长出来之前就应该进行挑拣，将个体大、爬行快速敏捷的选出来留作种用，而不作种用的多余的雄性土元应挑选出来加工处理，作商品出售。采收多余的雄性土元，不但能节省饲料成本，而且还降低了池中的饲养密度，减少了过多雄性成虫对雌性成虫的干扰，从而增加经济效益。

2. 雌性成虫采收　在较大规模人工饲养的情况下，雌性若虫是采收的主要对象。因为人工养殖的土元雌性若虫在9～11龄时才成熟，同一批土元7～8龄选完雄性土元后，要让雌性土元继续生长发育，待达到9～11龄以后，再次进行选种；选种后剩下的雌性个体经过初加工作为药材出售。一般情况下，前期产卵的卵荚品质好，孵化率高，孵出的若虫比较强壮、成活率高；但到了后期，产卵时间延长，卵荚质量降低，孵出的若虫体质差、成活率低。因此，雌性成虫产卵时间达到6～7个月时，就要淘汰集中加工作药用。这样不但能保证之前产的卵荚品质好、孵化率高、孵出若虫成活率高，而且此时的雌性成虫加工成品率、药用效果均不会降低。

通常采收雌性成虫时，应先采收已过产卵期的衰老体弱的土元，因为此类雌性虫体体重开始减轻并逐渐死亡；其次，采收上一年已经开始产卵的雌性成虫，并按产卵的先后顺序，依次进行成批采收，避免土元在越冬期间成批死亡。采收次数也不宜过于频繁，因为采收期间常翻地过筛，易使土元受惊而影响其生长发育。

（二）采收方法

1. 野生土元采收　对于野生土元在整个活动时期里

都可以进行诱捕，不过每年的6～9月份是土元最活跃的时期，每天晚上都有大量的土元出土活动觅食，人工捕捉在这一段时间内进行最好。在我国的南方，每年的4月上旬，土元冬眠结束开始出来觅食；在北方由于气温回升较迟，要到5月下旬以后才出土活动觅食。应根据所在地区选择合适的捕捉时间。

在野生条件下，土元喜欢生活在阴暗、潮湿、疏松、腐殖质丰富、土质肥沃的土壤中，在室外，常栖息在枯枝落叶下、石块下较疏松的土壤中；在室内，主要栖息在灶火房墙角的疏松土中、柴草堆下，鸡舍、牛棚、猪圈、碾米厂、榨油坊及磨坊等地方堆积的壤土中。

采收野生土元时，首先要寻找适合土元生活的场所，再仔细观察有没有土元活动迹象，如土壤表面有无翻动；地面有无夜间爬行的足迹和腹部在地面拖抹过的线迹，有无排泄的粪便留下的残渣等。根据以上迹象，判断有无土元和土元的数量多少。

土元捕捉方法有以下几种：

（1）**直接捕捉** 事先找到野生土元生存的地方，在夜间7～11时时带上手电筒、盛装土元的容器、竹片制作的夹子、翻土用的铁锹等，到土元栖息、活动的地方，搬开石块或翻开疏松的土壤，便可在石块下、物体缝隙中、洞穴内或扒开的松土中发现土元，这时应及时用竹片夹捕捉活土元放到容器内。容器的内壁要光滑，以防土元逃跑。土元无毒，也不会伤人。当发现大量土元时，为防止逃跑，可以用手迅速捕捉土元。

（2）**诱捕** 诱捕土元可用食饵诱捕法或性诱捕法。诱捕的工具可以用罐、盆、钵等容器，要保证内壁光滑，使掉进容器的土元爬不出来。容器口用尼龙网覆盖，绷紧、固定，网中央剪一个直径5厘米的圆孔，将容器埋在土元经常出没的地方，容器口略高于地面，以免泥沙进入容器内。容器上在覆盖上一些长草，但要注意不要让草掉入容器内（图3-13）。

①食饵诱捕 把炒好具有香味的米糠、麦麸、黄豆粉或果皮、骨肉粉等放入诱捕容器内，在天黑之前埋在土元经常出没的地方，夜间土元出来活动觅食时，嗅到香味便会被引诱掉入容器中，第二天清晨将诱捕到的土元取出。

②性诱捕 将采收到的一些雌性成年土元放到诱捕容器内，利用其身体发出的特殊气味，吸引雄性土元掉入容器内。而雄性成虫的存在又能招来一些雌性成虫。该种诱捕方法只能捕捉到成虫，各龄若虫不容易捕到，不如食饵诱捕法效果好。

2. 人工养殖土元采收

人工养殖土元的采收对象一般是指7～8龄的雄性若虫、老龄雌性若虫、留种后多余的雌性成虫、产卵后期的雌性成虫。其采收方法如下。

（1）**结合去雄采收** 此法是除留为种用的一部分雄性土元以外，其余全部作商品虫处理。即在同一批若虫中，当发现有少量发育较快的雄性土元开始羽化时，这就表明大批雄性土元将要开始羽化，此时应加喂精饲料，以促进其迅速生长、增加体重，在其蜕最后一次皮以前，抓紧时间采收。采收时只选留一部分好的雄性土元用于繁殖，其余的一律采收，雌性土元转池养殖，待到9～11龄时全部筛出加工处理，作为商品出售。

（2）**留种群采收** 对准备留种若虫群体要加强饲养，当发育快的雄性土元有羽化个体出现时，可用2目筛把老龄若虫筛出，按选种标准选出留种用的雄性土元和雌性土元，将其放入到备用的饲养池中饲养，其余的雄性土元全部拣出加工处理。对不准备留种用的一般雌性土元，可转入其他池中，多喂些精饲料催肥处理，待到蜕最后一次皮以前筛出加工处理。

（3）**根据季节采收** 对于产卵后期的若虫，应在越冬之前进行采收。这样还能减少冬季养殖的负担，降低饲养成本。开春后要对土元进行一次大检查，剔除性采收越冬后腹部干瘪、瘦弱、病残的个体，以减少经济损失。大部分商品土元一般都在越冬前的9月份采收，雄性土元一定要安排在7～8月龄，雌性土元安排在9～11月龄时采收，因为这时的土元体内已储备了大量的营养物质，出品率高。一般来讲，9～11月龄的雌性土元折干率为40%左右，老龄雄性若虫折干率30%～33%，产卵后的雌性成虫折干率35%～37%。

二、土元种虫的运输

土元的运输一般是指活土元的运输，因为加工后土元的运输不存在多大的困难和问题，只要注意外包装不损坏、内包装不压碎即可。但是活土元运输首先要保证土元的成活率，尤其是土元种虫的运输，不但要保证运输途中的成活率，而且还要保证到达目的地后恢复体力之前的成活率。土元种虫的运输应根据其数量、大小以及路程的远近而采用不同的方法。

（一）土元种成虫的运输

1. 塑料桶运输法 是使用圆形塑料桶运输土元种虫的一种方法。该种方法适宜于运输少量土元，即几千克或十几千克，长途或短途都适用。如果只运输 20 千克左右的种土元，可以用带盖的塑料桶运输。一个规格为 22 升的塑料桶可装 2～3 千克土元成虫。

装桶的方法：为了运输过程中桶内能通风透气，可以先将胶桶盖用烧红的铁丝穿孔，也可以用电钻等器械在桶的上方多穿几个孔，孔的大小以土元钻不出来为宜。然后在胶桶内装入饲养土，土元与饲养土的比例为 1：1，每盆土和土元的混合可控制在 20～30 厘米，在其表面再盖上一层土元喜欢进食的青料，以便于土元种虫在运输途中进食和饲养土的保湿。一般规格为 10 升的桶内可以装不超过 2 千克的土元种虫，装好后把桶盖盖好，并用透明胶或其他方法固定桶盖。这样即使桶由于运输震动或不小心倾倒，土元也不会从里面爬出来。

2. 塑料盆运输法 是使用方形塑料盆运输土元种虫的一种方法。因方形盆能重叠多层，运输和使用方便，占空间小，若是只放一层可用圆形塑料盆。一般规格为60厘米×40厘米×30厘米的盆子可装3.5～5千克土元种虫，根据盆子的大小可适当增加数量。使用方形盆多采用叠装法，即一个方形盆叠一个方形盆（四个角各打一小通气孔），高度一般3～4层，高者可达到7～8层，但是必须保证稳固不倒。为了加强稳固性，可用宽透明胶带将每一叠的盆与盆之间与每一叠与每一叠之间粘连好，使其成为一体，这样就非常牢固。若运输量不是很大，不需要叠装时，可在盆口上封上纱窗网，不需要再打通气孔。

该方法适宜于长途和大量运输土元种虫，一般载重量1吨的货车一次能运500千克左右。若是在盆中放置一些饲料虫，一般运输3～4天没有什么问题。

3. 编织袋运输法 是使用尼龙编织袋及运输箱运输土元种虫的一种方法。

运输时先将土元种虫装入洁净、无破损、无毒害的编织袋（40厘米×80厘米）内，装运密度为每袋500只左右，在离袋口5厘米处用包装带扎好袋口，以防止土元逃出。然后将编织袋平放入底部有海绵或纸板、纸团等的包装箱中，尽量使土元种虫均匀分布于平面上，减少互相挤压造成损伤。在离下层编织袋3～4厘米处用竹片或小木条搭一个平台，然后再放上一个编织袋，一般一个包装箱内以放3～4层为宜，一个包装箱可以装6～8千克土元种虫。放好后，包装箱用宽透明胶带封好即可。运输过程中要避免剧烈震动，夏季运输要注

意防高温和通风，冬季要注意防寒。

该种方法适用于大量运输，但运输的时间不能太长，一般不宜超过1天，通常长途飞机运输或短途运输多采用此法。

（二）土元卵荚的运输

土元卵荚的运输比较简单，如果短途运输，可以使用比较透气的布袋或其他材料的袋子进行装运，而长途运输卵荚时，则需要将卵荚混入适量的孵化土中，再装到塑料盆里，并在孵化土的表面放上一层青绿多汁饲料，以便于保持饲养土的湿度。

在炎热的夏季运输卵荚时，要注意观察卵荚是否受闷产热，一旦发现及时散热换气，以免影响孵化率。如果是快递运输，需要在土元卵荚中放入用塑料薄膜密封好的冰块，以保证运输途中不会发生问题。

三、土元的加工及贮藏

（一）土元的加工

1. 土元的初加工　可分为晒干和烘干两种方法，目的是除去虫体内的水分，使其含水量在5%左右，避免虫体因含太多水分发霉腐烂变质。具体采用什么方法，可根据当时的天气情况进行选择。

（1）**晒干**　首先将采收到的虫体用筛子过筛，去掉杂质，挑出土元放入盆或箱内，停食 1 天，以便消化完体内的食物和排除体内的粪便，使之达到空腹，否则加工后容易霉变生虫不易保存，也影响药用价值。然后将停食过 1 天的土元放入清水盆中，让其自由活动，洗净体表的污泥杂质，15～20 分钟后捞出，接着把冲洗干净的土元用 3% 食盐水溶液煮沸 3～5 分钟，直至死亡。捞出后用清水洗净，摊放在竹帘或平板上，在阳光下暴晒 3～4 天，虫体完全干燥、平整而不碎即可。

通常用晒干方式加工的土元，其干品体色鲜艳，具有光泽。最后把干燥的虫体放入密封的玻璃容器内或胶袋中保存待用。

此外，在晒干时，由于土元会散出一股腥臭味，容易招引蚂蚁，因此应选择无蚂蚁的地方晒虫，或设法防止蚂蚁入内。同时也应该防止苍蝇叮咬虫体，如苍蝇太多则应加网盖防止苍蝇进入。所以在晒干土元时，应有专人负责看管，保证晒制出高质量的虫体，增加经济效益。

（2）**烘干**　阴雨天气不能晒干，且有条件的地方，可将清洗干净的土元体放入烘干箱内烘烤，用文火烘炒，温度控制在 35～50℃，待虫体干燥后即可。烘干时一定要从低温逐渐升至高温，这样才能使虫体内水分完全除去，不至于烘焦体表而影响虫体的药用质量。

如遇阴雨天，又无烘干箱时，可用铁锅烘干。将烫死洗净的土元装入铁丝网、篮内，置入锅中烘烤，烘烤温度为 50℃左右，烘烤时要不断翻动，使土元受热均匀，以防烘焦。有的人直接把虫体放入铁锅内，用铁铲炒拌，将虫烘干。这种烘干方法不但容易将虫体烘焦，还容易损伤土元的肢体，从而降低干品的质量等级及售价，降低经济效益。

检验土元是否晒干或烘干，可用两手指夹压虫体腹部，若有胶状物质出现，则表示虫体未干燥，不宜存放，仍需要继续晒干或烘干。

一般依采收季节、虫龄及壮瘦程度不同，土元鲜干折合率具有一定的差异性。经统计，鲜雌性土元体重以9～11龄时最高，经炮制加工后的干品率可达39%～42%，雄性土元8龄时的干品率在35%～38%；而未经炮制加工的雌性和雄性土元的干品率只有30%～33%。

2. 优质药用土元加工　土元作为一种商品，有质量要求，质量好的售价就高，反之售价低。所以要采取一切办法，提高土元干品质量。

首先对土元进行去杂，即把弱小、体扁的不良个体去除，然后停食一昼夜，促进其消化完体内的食物和排除体内的粪尿，达到空腹。然后洗净虫体表面的污泥，用开水烫杀后，再晒干或烘干。

养殖户应当根据市场对土元的实际需求进行深加工，这样才能提高养殖效益。

3. 土元优质干品标准　体大，饱满，肢体完整，体长在2.5厘米以上；虫体干燥，有光泽，完整而不碎；体内无残食，无霉烂、无虫蛀、无杂质；雄性土元无翅。

有的养殖户认为用盐水浸泡过的土元可增加重量，其实这样做得不偿失。因加工后的土元容易吸潮，若再用盐水浸泡过，在湿度较大的春季，则容易返潮而发霉，质量低劣，药效降低，从而影响经济效益。

（二）土元的贮藏

土元在采收完成后，就要进行储藏了。如果是在梅雨季节进行储藏，要装在干净的塑料袋或者是有盖且密封的缸中进行储藏。加工好的土元成品宜用内衬有防潮纸的木箱或纸箱装好密封，每件 50 千克，存放在室内通风干燥处，并做好防潮和防霉工作。储藏时间较长的，就需要在容器的底层包些石灰，防止返潮。

土元极易发生虫蛀和受潮后发霉。常见的危害土元的仓储性害虫主要有白腹皮蠹、花斑皮蠹、黑拟谷盗、圆胸甲、赤拟谷蠹及螨类。土元被虫蛀后往往虫体不完整，肢足残缺不全，常夹杂着虫粉和虫粪；严重时只剩下空壳，失去药用价值，所以，在存放期间要注意加强防护。常用的防护方法有以下几种：

（1）在包装箱内放置樟脑、花椒、山苍子及启封的白酒瓶，可有效驱虫。

（2）用塑料罩罩严密封，把袋内的氧气抽出，然后充入氮气或二氧化碳。若虫害或霉变严重，应放在熏房或熏柜内，用福尔马林熏杀处理。操作时注意个人防护。

（3）贮藏期间勤检查，发现有轻度发霉或虫蛀时，应及时拆开包装，将土元放置在阳光下摊薄后曝晒，或用 50℃ 的温度烘烤 1 小时左右，还可以将其放在 −10℃ 的低温中进行冰冻处理。

第六章
土元养殖场的投资决策分析
与经营管理

一、土元养殖场的投资决策

（一）市场调查内容

　　土元是我国常用名贵中药材，近年来市场需求量连年增加，加之土元野生资源的枯竭，发展土元人工养殖已成当务之急。土元养殖是一项投资少、风险低、省人工、技术要求低的养殖项目。但是，也不能盲目投资，一定要做好前期的市场调查，估测土元养殖项目投资成功率、经济效益。

　　1. 项目调查　现在特种养殖项目有很多，尤其是一些新兴项目，一旦出现往往一哄而上，多数是高价进种，到头来却造成产品积压没有销路、卖不出去，损失惨重。因此，在投资养殖土元之前，一定要对人工养殖土元项目进行市场调查研究，分析行情，了解其技术难度和销路等相关事宜；也可就土元的价值、用途、市场前景和收购厂家信息等问题请教相关的专家。经过多方面考察论证再决定投资。

2. 市场容量调查　在决定投资新建土元养殖场之前，应对区域市场或国内外市场土元的总容量进行调查，掌握养殖量、市场销售状况、同行业的竞争等信息，以及在市场上畅销时间的长短，预测市场可能出现饱和、滞销的期限，最好以"以销定产"或"产品定制"的模式进行养殖。经过1年左右的时间养殖后，再进行市场调查，看看还有哪些可占领的市场空间，药材批发市场的销量及销售价格有无新的变化，并根据变化分析原因，及时调整生产方向、养殖规模和销售策略。

3. 适销品种调查　土元的品种较多，不同品种其药用成分及药用价值也不尽相同，不同的地区对产品的需求也有较大的差异性。如金边土元畅销我国港澳地区及东南亚各国，而中华土元在我国除港澳地区以外则是畅销品种。因此，对于适销产品的调查，目的就是合理地调整产品结构，以满足不同市场的需求，获得更大的经济效益。

4. 销售渠道调查　土元的销售渠道有多种，比较常见的主要有以下几种：

（1）土元生产企业或土元养殖户—药材批发商—零售商—消费者。

（2）土元生产企业或土元养殖户—蝎子等特种动物养殖场。

（3）土元生产企业—制药厂—医院。

（4）土元生产企业或土元养殖户—食品厂—消费者。

调查掌握销售渠道，主要是为了土元的销售，因此，在养殖土元前就要了解清楚，并找好销售渠道，为土元的持续生产提供有力的保证。

5. 市场供给调查 为了确定生产规模或调整养殖规模，减少产品积压，以获得更好的利益，应对当地的土元散养户和规模养殖场土元产品的上市供应量进行调查和预测，此外，还要了解外来土元产品的数量，以及对当地市场有明显影响时的价格、货源持续时间等。

6. 种源调查 要引进优良品种进行生产繁殖，避免引进劣质和近亲交配的种土元，防止种群退化，在选种时，最好在专家或有养殖经验的同行的指导下，选择经过国家有关部门鉴定性能可靠的品种。绝对不能贪图便宜而引进假种或劣质种。在引种前应多考察几个土元养殖场，通过分析比较，根据自己的生产需要，到有较好信誉的养殖场引种。引种时要查看厂家的各种证件（特种动物生产经营许可证等）、所引品种的档案资料、系谱记录和观察场内的建筑设施、环境卫生等。

7. 产品要求调查 不同地区和行业对土元产品的需求有较大的差异。药材市场、药厂以及医院需要的是经过加工过的干土元（完整）；特种动物养殖场如养蝎场、养龟场、养蛙场等需要活土元，而且消耗快、需求量大；饲料厂是将土元粉碎作为高蛋白饲料或添加到饲料中。因此，需要进行调查，对土元产品结构及时进行调整，以满足不同的客户需求。

8. 价格定位　土元价格是随着市场行情变化的，虽然以盈利为目的，但产品定价一定要合理。当以最低价格销售还不赚钱，甚至赔钱的时候，就应该引起注意，不要盲目扩大养殖规模，要加强经营管理，提高生产效率，做到保本生产经营。

（二）市场调查方法

市场调查的方法很多，有问卷调查、访问调查、实地考察和观察法等。目前土元的市场调查多采用访法问和观察法。

1. 访问法　即访问者通过与土元产品消费者、销售商以及市场管理部门就市场的土元产品销量、价格、品种比例、品种质量、产品形式、货源、客户经营状况、市场状况等进行交谈、记录，以获取所需要的土元市场资料。

2. 观察法　即选择适当的时间段，对调查对象进行观察、记录，以取得市场信息。通过对土元产品市场畅销品种、产品形式、产品质量、包装、档次、价格以及顾客的购买情况等，结合访问等得到的信息资料，初步综合判断市场状况，尤其是可以掌握批发商的销量、卖价以及经营状况，收集一些难以直接获得的可靠信息，加以分析整合运用，及时调整养殖规模和加工产品的结构，从而取得更好的经营效益。

（三）投资具备条件

投资养殖土元有两个条件必须要具备，一是养殖技术，二是资金。

1. 技术条件　要想成功养殖土元，必须具有一定的养殖技术、经营管理能力。若是无科学的饲养管理方法，疾病发生得不到有效控制，产品不能及时出售卖上好价钱，将严重影响经济效益。养殖规模越大，对技术的信赖程度越强。

小规模养殖场，必须掌握一定的养殖技术和基本知识，并且要善于学习和请教，不断地提高自己；规模较大的养殖场，最好设置专职的技术管理人员和市场营销人员，负责全面的技术和市场营销工作。

2. 资金条件　特种养殖项目一般引种成本较高，养殖设备和设施要求也高，尤其是稍具规模的土元养殖场，需要进行场地的建造、购买种苗、设备用具以及技术培训等，这些都需要一定的资金。因此，不能盲目投资上马，一定要做好调查，论证好投资项目的可靠性，充分发挥资金优势，以获得更高的经济效益。

养殖土元资金需求主要包括固定资金和流动资金。固定资金包括场地租赁费、建设费、设备购置费和引种费等；流动资金包括饲料费、电费、人员工资、药品费、运费、销售费用以及房屋设备维修费等。新建的养殖场需要经过相当长的一段时间后才有产品上市、获益，这期间也需要大量的资金投入。

（四）养殖场成本

土元养殖场的成本包括引种费、饲料费、劳务费、医疗费、燃料电力费、固定资产折旧费、杂费等。

1. 引种费 指引进土元种虫、卵荚及培育所需的费用。

2. 饲料费 土元饲养过程中所耗用的自产和外购的混合饲料以及各种饲料原料、添加物。若是新购入的土元种，则按购买价加运费计算，自产饲料一般按生产成本（含种植成本和加工成本）进行计算。

3. 劳务费 主要包括饲养、防疫、消毒、运输等支付的劳务工资、资金等。

4. 医疗费 指用于土元的消毒防疫、治疗的药品费用及专家咨询服务费用等。

5. 燃料电力费 指饲料加工、土元养殖室加温取暖、排风等耗用的燃料和电力费用。

6. 固定资产折旧维修费 指饲养土元的房屋、养殖池和其他较大设施的基本折旧费及维修费用。如果是租赁房屋或场地，则应加上租金。

7. 其他杂费 包括低值易耗易损品的费用、通信费、交通费及装卸费等。

二、土元养殖场投资预算和效益估测

（一）投资预算

投资预算分为固定投资、流动投资和不可预见费用的预算。

1. 固定投资预算 包括土元养殖场地设计费、改造费、建筑费、设备费、安装费和运输费等的基本预算。这些费用应根据当地的土地租金、建筑面积、建筑材料类型、电力设备、污水处理、饲料、运输等的价格，大体估算固定资产的投资数额。

2. 流动资金预算 对于土元养殖场来说，流动资金是指在土元产品上市前所需要的资金，包括土元的引种、运输、饲料、药品、人工工资、水电费、运输费用等，据此可粗略计算出所需要的资金的数目。

3. 不可预见费用 对于土元养殖投资预算来说，主要应考虑所采用的建筑材料和生产原料的涨价因素及其他不可预测的费用。

（二）效益估算

按照土元养殖场的规模大小，根据引种、饲料、劳务、水电及其他开支等费用的初步预算，可大体估算出生产总成本，并结合土元产品的销售数量及估计售价，进行预期效益核算。

三、土元养殖场的经营管理

对于较大规模的土元养殖场，在开始设计投资建场时，就应提前考虑投产后的经营管理问题，如养殖场地的选择，建筑布局，饲养方式，养殖池的结构，养殖场周围的交通状况，饲料的运输，各期土元虫态的饲养管理，饮食器具、排泄物及残余饲料的清理，产品的销售等，均与劳动生产率相关，应在建场过程中综合考虑，从而降低养殖成本，提高养殖效益。

土元养殖场经营管理的基本内容主要包括：计划管理、生产管理、物资管理、财务管理和记录管理等。

（一）计划管理

计划管理就是根据土元养殖场确定的生产目标，编制各种计划，并全面而有步骤地安排、组织协调全部的生产经营活动，充分合理的利用人力、物力和财力，以达到预期的生产经营目的与效果。规模养殖场应有详尽的生产经营计划，按计划内容可分为产品销售计划、产量计划、防疫计划、物资供应计划和财务收支计划等。

1. 产品销售计划 是土元养殖场经营活动的主要内容，也是完成经营目标的一项重要工作。编制产品销售计划主要根据市场需求及价格变化曲线，确定土元养殖场的主产品，是作为动物饲料的活虫出售，还是作为加工好的药用成虫出售，要根据生产目标计划和可能销售量，来制订产品销售计划，做到产销对路和良好的衔接，适时将产品投放市场，防止积压，避免造成不必要的损失。最好实行以产定销，建立稳固的供销关系和信息网络，保证产销能顺利进行。

2. 物资供应计划 在土元养殖过程中，所需物质很多，如饲料、饲养防疫人员的劳保用品、常用工具、机械易耗易损维修备件、照明灯具、燃料物质等，都应列出计划，尤其是饲料，作为重要的物资，必须根据生产计划需要，对饲料的品质、种类、数量、来源等制定详细的供应计划，并保质保量，按期供应；如果是采用商品配合料，应选择质优、价低、信誉好的饲料厂家，与其建立长期的供货关系，避免经常变更饲料给生产带来的不利影响；如果养殖场自己加工饲料，在筛选好各阶段最佳饲料配方的前提下，主要原料如玉米、豆饼、麦麸等品种来源应相对稳定，定期进货，按时结算，避免过量进货积压资金，也防止临时进料，杜绝供料不足或频繁变换配方，以保证生产任务的正常完成。

3. 防疫计划 疾病对土元生产威胁较大，一旦患上疾病，治疗起来比较困难，将会造成很大的损失，因此，做好病虫害和天敌等预防工作是生产管理中不可缺少的重要部分。为了保证土元的健康生长繁殖和安全生产，养殖者必须根据本养殖场的实际情况，制定一系列完善的消毒防疫制度。在加强平时的饲养管理前提下，还要根据发病的不同季节和不同虫态，对各种病虫害进行科学预防。

4. 财务收支计划 是指根据预算或者有关的计划，结合土元养殖场的生产经营情况编制的，用以确定在一定时间内资金筹集、运用和分配的打算。就构成内容而言，分为收入和支出两个部分。其中，收入部分有销售收入、银行借款和其他收入等；支出部分有材料物资采购支出、工资费用支出、应付账款支出、上缴利润和税金支出、归还银行借款以及其他支出等。财务收支计划应根据财务计划、材料物资采购计划、费用计划、产品销售计划等计划编制。

（二）物资管理

土元养殖场生产过程中所需要的物资主要有：饲料、药品、养殖设施、设备零件、工具、劳保用品以及一些易耗物品等。对以上物资的采购、储存和发放使用都应该建立登记账簿，及时记录登记，严格发放手续，妥善保管，防止变质腐败和损害、丢失，做到账物相符。

（三）财务管理

财务管理是土元养殖场经营管理的一个组成部分，加强财务管理，才会增强养殖场的竞争能力，提高养殖场抵抗市场风险的能力，从而增加养殖效益。所以财务管理的有序和规范，是土元养殖场可持续发展的前提。

（四）记录管理

土元养殖场记录管理将养殖全过程中的饲养目的、具体措施、实施细则、出现问题、解决办法，以及收到效果等全部记录下来，整理出数据，并进行总结分析，不断地积累经验，提高生产管理水平。

1. 记录原则

（1）**准确及时**　根据不同记录要求，在第一时间内将土元养殖过程中的实际情况进行记录，做到不拖延，不积压，认真填写，避免出现遗忘和虚假，既不能夸大，也不能缩小，要求真实记录、数据精确可靠。

（2）**简洁完整**　设计各种记录册和表格，要求简明扼要，清晰明了，便于记录、便于统计；记录的内容要全面系统，并且填写完全、工整，以让人容易看懂。

（3）**便于分析**　所填写的数据内容要系统全面、清晰、完善，以便于整理、归类、统计和分析。

2. 记录内容

（1）**引种**　记录内容：采集或引种地；土元虫态；采集或引种方法；使用容器；运输时间和运输方法；各种管理程序。

（2）**管理程序**　记录内容：每天饲养环境的温度、湿度，病虫害；用药情况；饲料来源及配制方法；使用器械；其他管理程序。

（3）**卵荚**　记录内容：卵荚在母体上携带多长时间才弃去；卵荚的大小、形状、颜色；出产与日后相比有无变化；卵期多长；即将孵化出若虫前卵荚上孵化孔的开启形状；卵壳及卵表皮膜是否被带出卵荚外；孵化后的卵荚颜色及形状有无变化。

（4）**若虫**　记录内容：刚孵出来的若虫体色、大小，自头部伸出卵荚到完全出卵需要多长时间，有无取食卵膜及卵壳的现象；孵化后的若虫是立即跑开，还是围绕卵荚静止一段时间才离开，时间有多长；初孵化出来的若虫动态；是否需要成虫喂养；若虫自然取食情况；多长时间开始蜕第一次皮，完全蜕下外皮需要多长时间，蜕皮前有什么表现，蜕皮前后的体色、体长有什么变化；若虫期共蜕多少次皮进入成虫期，每次蜕皮的时间是否相同；若虫期的取食情况，喜欢夜间活动还是日间活动，什么时段是活动的高峰期；有无相互残杀的现象，喜欢群栖还是独居；不同饲料对若虫期的生长发育情况、体长、体重、体色变化的影响；饱食与缺食有无增龄或减龄现象，最喜欢或最讨厌什么食物、气味、光；若虫期有无天敌及病虫害。

（5）**成虫** 记录内容：成虫的体色、体长、体重；不同饲料、环境、容器饲养有无差别；多长时间进入性成熟期；同一容器中的雌雄比例，不同饲料、环境有无差别；成虫雌雄交配前的性行为表现，一只雄性土元或雌性土元一生接受交配几次；交配次数不同与卵荚的大小、荚内的卵粒多少有什么关系；雌雄成虫的寿命各有多长，死亡后雌性土元有无遗腹卵，体重是否减轻；成虫期所喜欢的环境、饲料、温度、湿度与若虫有无差异；成虫、若虫、卵荚哪个虫态过冬；冬、夏有无休眠或滞育现象等。

参考文献

［1］叶宝华，刘玉升．土鳖虫高效养殖技术一本通［M］．北京：化学工业出版社，2015．

［2］潘红平，邓寅业．土元养殖实用技术［M］．北京：化学工业出版社，2014．

［3］向前，李德全．土元养殖实用技术［M］．郑州：河南科学技术出版社，2011．

［4］王林瑶，张立峰．药用地鳖虫养殖［M］．北京：金盾出版社，2011．

［5］杨冠煌．昆虫的药用、饲用和养殖［M］．北京：科学技术文献出版社，2010．

［6］马仁华，曾秀云．土鳖虫养殖新技术问答［M］．北京：中国农业出版社，2008．

［7］白庆云．药用动物养殖学［M］．北京：中国林业出版社，1988．